Aceleradores de partículas

Del laboratorio a la sociedad

Nuria Fuster Martínez
y Daniel Esperante Pereira

 CSIC

CATARATA

Colección ¿Qué sabemos de?

CATÁLOGO DE PUBLICACIONES DE LA ADMINISTRACIÓN GENERAL DEL ESTADO:
HTTPS://CPAGE.MPR.GOB.ES

© Nuria Fuster Martínez y Daniel Esperante Pereira, 2025
© CSIC, 2025
http://editorial.csic.es
editorialcsic@csic.es
© Los Libros de la Catarata, 2025
Fuencarral, 70
28004 Madrid
Tel. 91 532 20 77
www.catarata.org

ISBN (CSIC): 978-84-00-11442-8
ISBN ELECTRÓNICO (CSIC): 978-84-00-11443-5
ISBN (CATARATA): 978-84-1067-379-3
ISBN ELECTRÓNICO (CATARATA): 978-84-1067-380-9
NIPO: 155-25-087-2
NIPO ELECTRÓNICO: 155-25-088-8
DEPÓSITO LEGAL: M-14892-2025
THEMA: PDZ/PHP

"Las nuevas direcciones en la ciencia nacen de nuevas herramientas con más asiduidad que de nuevos conceptos. El efecto de una revolución impulsada por nuevos conceptos es explicar las cosas antiguas de formas nuevas. El efecto de una revolución impulsada por herramientas es descubrir cosas que todavía hay que explicar".

FREEMAN DYSON

Índice

Prefacio

A lo largo de la historia reciente, hemos sido testigos de una asombrosa evolución en la actividad industrial y tecnológica. Desde los albores de las revoluciones industriales en torno a 1750, los avances tecnológicos han experimentado un desarrollo constante. Sin embargo, fue en la segunda mitad del siglo XX cuando presenciamos cambios a una velocidad vertiginosa.

La cultura científica y tecnológica en nuestra sociedad no ha dejado de evolucionar desde el momento en que la educación y la tecnología se volvieron accesibles para la mayoría de la población. Hoy en día, es raro encontrar a alguien que no comprenda conceptos como microchip o dispositivos de comunicaciones, o que no haya oído hablar de los escáneres de rayos X o los tratamientos de radioterapia. Incluso es común encontrarse con personas que, si bien no son expertas en ciencia y tecnología, tienen un conocimiento básico sobre los experimentos científicos que se llevan a cabo en centros de investigación de referencia internacional como el CERN (Consejo Europeo para la Investigación Nuclear). Sin embargo, es muy posible que la mayoría de estas personas no conozca el vínculo común que comparten todos estos avances: los aceleradores de partículas.

Cuando hablamos de aceleradores de partículas, nos referimos a dispositivos capaces de generar, acelerar y confinar haces de partículas con carga eléctrica. Estas máquinas nos permiten conseguir densidades de energía enormes con las que podemos acceder al mundo subatómico con una precisión y resolución sin precedentes, inalcanzables con otras tecnologías. Estos equipos operan según principios físicos, tecnológicos y técnicos de una complejidad extraordinaria. Estamos hablando de algunos de los aparatos más complejos jamás creados por el ser humano, compitiendo en complejidad solo con la tecnología aeroespacial.

Pon un acelerador de partículas en tu vida

Es posible que, al mencionar partículas atómicas y subatómicas, algunos de nuestros lectores y lectoras se sientan abrumados. Sin embargo, para hacer nuestra inmersión en el mundo de los aceleradores de partículas más asequible y alentadora, debemos compartir un secreto con aquellas personas que sean especialmente de mediana edad: es probable que ya hayan tenido uno de estos dispositivos en sus hogares sin siquiera saberlo.

Muchos tuvimos en nuestras casas televisores basados en tubos de rayos catódicos (CRT), con la característica protuberancia trasera que ocupaba una parte significativa de nuestras mesas o armarios de televisión. Esa protuberancia albergaba un pequeño acelerador encargado de impulsar electrones y dirigirlos hacia una pantalla de material luminiscente, donde se generaba la imagen. En otras palabras, el tubo de rayos catódicos de cualquier televisor o monitor de ordenador era un acelerador de partículas. El CRT generaba haces de partículas (electrones), las aceleraba y modificaba su dirección mediante electroimanes en el vacío, y luego las hacía chocar contra moléculas del material luminiscente de la pantalla. Esta colisión generaba un punto luminoso, o píxel, en el televisor o monitor del ordenador. Las lectoras y lectores más jóvenes que no pasaron horas y horas delante de este tipo de dispositivos pueden sentirse aliviadas al saber que no han sido expuestas a las pequeñas radiaciones emitidas por las partículas al chocar con la pantalla, aunque ciertamente estas radiaciones eran extremadamente bajas.

Más allá de la ciencia: usos y aplicaciones

Los aceleradores de partículas, en sus inicios, fueron concebidos principalmente como herramientas de investigación científica. Sin embargo, pronto se reconoció su utilidad en otros campos, especialmente en el ámbito médico. A lo largo del siglo XX, su aplicación se extendió a diversas áreas de la sociedad, llegando a desempeñar un papel crucial en la industria tecnológica de los semiconductores. Hoy en día, son una herramienta esencial en la producción de microchips que se encuentran en todos los dispositivos electrónicos de consumo.

Existen diversos tipos de aceleradores, cada uno adaptado a su propósito particular. Si bien es cierto que las máquinas utilizadas para investigaciones científicas fundamentales y las empleadas en aplicaciones médicas e industriales difieren en tamaño y energía de aceleración, comparten los mismos conceptos científicos y tecnológicos subyacentes. En ambos casos, se trata de aceleradores de partículas, y las partículas involucradas suelen ser átomos o partículas subatómicas como protones, electrones o incluso átomos ionizados.

La variedad de aplicaciones para las que se utilizan los aceleradores continúa expandiéndose a medida que avanzan las tecnologías de aceleración y se superan los límites actuales. A día de hoy, la física y la tecnología de aceleradores es un campo de investigación multi e interdisciplinar en auge, siendo uno de sus objetivos principales aumentar la accesibilidad de estas tecnologías, haciéndolas más compactas, económicas y sostenibles.

¿Qué pretendemos transmitir?

En este libro, nuestro objetivo es proporcionar una visión general de la importancia de los aceleradores de partículas y cómo su uso impacta nuestra historia en la generación de conocimiento y búsqueda de soluciones para impulsar el desarrollo y bienestar de la sociedad. Repasaremos las funciones de estos dispositivos, los conceptos científico-técnicos fundamentales que subyacen en su funcionamiento, y exploraremos algunas de las aplicaciones en las que desempeñan un papel crucial. Además, mencionaremos tecnologías y aplicaciones futuras que están en desarrollo y que tienen un gran potencial para impactar positivamente nuestra sociedad y hacer estas tecnologías más accesibles para todo el mundo.

CAPÍTULO 1

Historia sobre aceleradores

La historia de los aceleradores de partículas está estrecha-
mente ligada al ámbito científico de la física nuclear y de partículas. Sus inicios remontan al siglo XIX, cuando los investigadores comenzaron a explorar las propiedades de los
constituyentes fundamentales de la materia. Los primeros
experimentos que sentaron las bases de la física nuclear y de
partículas fueron llevados a cabo por figuras reconocidas como Joseph John Thomson, quien en 1897 descubrió el electrón utilizando un tubo de rayos catódicos, un precursor ru-
dimentario de los aceleradores de partículas modernos. Le
siguieron los experimentos de Ernest Rutherford con partículas procedentes de fuentes radiactivas naturales que le condu-
jeron en 1911 al descubrimiento de la existencia de los núcleos
de los átomos y, en 1919, al fenómeno de la desintegración
nuclear. Tras estos experimentos, Rutherford instó a la comunidad científica a buscar soluciones tecnológicas para conseguir fuentes artificiales de radiación. En 1927, en una reunión
de la Royal Society de Londres, Rutherford dijo:

Sería de gran interés científico si fuese posible en experimentos de laboratorio, contar con un suministro de electrones y átomos de materia en
general, cuya energía cinética individual sea aún mayor que la de la partícula alfa. Esto abriría un campo de investigación extraordinariamente

interesante que no dejaría de proporcionarnos información de gran valor, no solo sobre la constitución y estabilidad de los núcleos atómicos, sino también en muchas otras direcciones.

En la década de 1930 tuvo lugar un cambio revolucionario en la física experimental con el surgimiento de los primeros aceleradores de partículas. Estos dispositivos, que son los precursores de las máquinas más avanzadas que se usan hoy en día, marcaron el comienzo de una nueva era en la investigación científica y sentaron las bases para futuros descubrimientos en la física de partículas.

En este primer capítulo vamos a recorrer brevemente la historia de los aceleradores de partículas y describiremos los hitos que marcaron un antes y un después en el desarrollo de estas máquinas.

Ciclotrones: la revolución de la aceleración circular

En 1930, el físico estadounidense Ernest O. Lawrence y su estudiante Milton Stanley Livingston de la Universidad de Berkeley desarrollaron el primer ciclotrón, que apenas medía unos 10 cm de diámetro. Este dispositivo, que actualmente se asemeja a una rueda gigante, fue un avance notable en la tecnología de aceleración. El ciclotrón funciona mediante la aplicación de campos magnéticos y eléctricos variables en el tiempo que permiten a las partículas cargadas recorrer una trayectoria espiral a medida que son aceleradas. Explicado de manera simple, el campo eléctrico va acelerando cada vez más y más las partículas dentro del ciclotrón, y el campo magnético las va curvando siempre con la misma fuerza, de manera que acaban describiendo una trayectoria espiral, tal y como se observa en la figura 1, hasta que al final salen fuera del ciclotrón. Los fundamentos básicos de este fenómeno de interacción entre los campos magnéticos y eléctricos se explicarán en el siguiente capítulo.

El ciclotrón permitió a los científicos acelerar partículas cargadas, como protones y electrones, a energías mucho mayores de las que se habían alcanzado previamente. Esto abrió nuevas posibilidades en la investigación de física de partículas y llevó al descubrimiento de nuevos constituyentes y fenómenos.

FIGURA **1**
Principios de funcionamiento del ciclotrón.

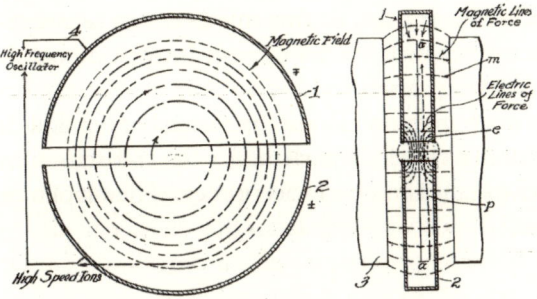

FUENTE: U. S. PATENT 1.948.384, DE ERNEST O. LAWRENCE (1934).

Aceleradores lineales: otro concepto de aceleración

Simultáneamente, en la década de 1930, investigadores como Rolf Wiederøe y el propio Ernest O. Lawrence también estaban trabajando en el concepto del acelerador lineal, también conocido como linac, que a diferencia de los ciclotrones, no requería un campo magnético que curvara la trayectoria de las partículas. En un linac, las partículas son aceleradas a lo largo de una línea recta por medio de campos eléctricos que cambian de polaridad a medida que avanzan las partículas. Esta técnica se convirtió en una alternativa atractiva a los ciclotrones y permitió acelerar partículas a velocidades cada vez mayores. Estos dispositivos resultaron ser útiles para investigaciones específicas y contribuyeron al desarrollo posterior de nuevas tecnologías de aceleradores.

Como tema de tesis doctoral, Wiederøe propuso construir un tipo de acelerador que sería conocido como betatrón. Aunque el Departamento de Ingeniería Eléctrica de la Universidad

Técnica Karlsruhe, donde quería realizar su tesis, apoyó su propuesta, el Departamento de Física fue menos entusiasta. De hecho, Wolfgang Gaede, un reconocido profesor de Física en la universidad y uno de los principales expertos mundiales en tecnología de vacío, estaba convencido de que el betatrón, tal como lo proponía Wideröe, no funcionaría. Wideröe dejó Karlsruhe y se trasladó a la Universidad Técnica de Aquisgrán, donde su nuevo director de tesis, Walter Rogowski, aceptó su propuesta de construir un betatrón de 6 MeV[1]. Sin embargo, a pesar de sus grandes esfuerzos, el dispositivo no logró producir electrones de 6 MeV. Hoy sabemos que esto se debía a que su propuesta carecía de focalización transversal, lo que provocaba la pérdida de los electrones durante el ciclo de aceleración. Sin embargo, en lo que sí tuvo éxito fue en el desarrollo del primer acelerador lineal, utilizando dos tubos huecos alimentados por una fuente de corriente alterna. Su diseño se inspiró en un artículo de Gustav Ising publicado en 1924, donde se presentó el concepto de acelerador lineal. No obstante, la propuesta original de Ising empleaba una fuente basada en descargas entre dos electrodos para generar la diferencia de potencial entre los tubos de deriva, un sistema que nunca llegó a funcionar.

FIGURA 2
Principios de funcionamiento de un linac.

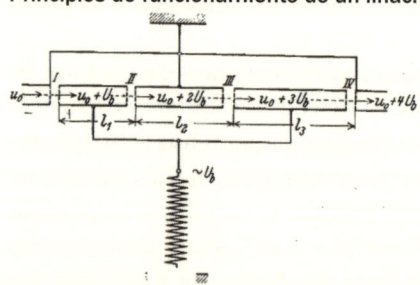

FUENTE: WIDERØE (1928: 387).

---

1. Aunque se introducirá en el siguiente capítulo, cabe avanzar aquí que una energía de 6 MeV equivale a 4 millones de veces lo que puede acelerar un electrón una pila típica de juguete de 1,5 voltios.

Aceleradores electrostáticos

En esta misma época, los aceleradores electrostáticos también se convirtieron en un elemento esencial en la investigación nuclear. Estos dispositivos utilizan campos electroestáticos para acelerar partículas cargadas. Uno de los pioneros en este campo fue John Douglas Cockcroft, quien, junto con su colaborador Ernest Walton, construyó el primer acelerador electrostático en 1932. Su trabajo les valió el Premio Nobel de Física en 1951.

Este avance permitió acelerar partículas a velocidades aún mayores, lo que allanaría el camino para investigaciones posteriores en física nuclear.

El betatrón: un acelerador para electrones

Hacia finales de la década de 1930, Michael Scott Rose y colaboradores demostraron que un campo dipolar cuya intensidad disminuye con el radio genera una fuerza de focalización débil que consigue mantener un haz de partículas dando vueltas en un acelerador circular. Basándose en este principio, en 1940, Donald W. Kerst construyó en la Universidad de Illinois el primer betatrón funcional para acelerar electrones hasta 2,3 MeV.

Hasta el momento, las tecnologías desarrolladas estaban limitadas por diversas razones a electrones de muy baja energía. Sin embargo, esta máquina proporcionó una solución para alcanzar niveles de energía más elevados. El betatrón se basa en el uso de un campo magnético variable en el tiempo que tiene la capacidad de inducir una fuerza electromotriz que acelera los electrones. Este dispositivo es esencialmente un transformador con un gran tubo vacío como su bobina secundaria. Se genera una corriente alterna en la bobina primaria que induce una fuerza sobre los electrones que circulan en el tubo de vacío, haciéndolos girar alrededor de una trayectoria circular constante.

FIGURA 3
El primer betatrón, un acelerador de electrones, construido por Donald W. Kerst en 1940.

FUENTE: KERST (1942: 22).

Los sincrotrones: los grandes aceleradores

En la década de 1940 surgió un nuevo concepto de acelerador que daría pie a las grandes y complejas máquinas en las que pensamos cuando hablamos de aceleradores de partículas. Los sincrotrones son una categoría especial de aceleradores de partículas que han tenido un profundo impacto en campos que van más allá de la física de partículas, incluyendo la biología, la química, la nanotecnología y la medicina. La concepción de un anillo acelerador magnético pulsado, un concepto esencial para el funcionamiento del sincrotrón, se originó en una propuesta presentada por Marcus Oliphant en 1943. Este avance fue continuado con paulatinos descubrimientos y mejoras de forma independiente por parte del físico ruso Vladimir Veksler y el estadounidense Edwin McMillan, que desarrollaron finalmente el concepto de sincrotrón. Estos primeros sincrotrones eran dispositivos circulares que aceleraban partículas cargadas, como electrones, mediante campos magnéticos y eléctricos oscilantes. En 1952, Donald Kerst construyó en la Universidad de

Illinois el primer sincrotrón de protones, un precursor de los modernos colisionadores de partículas.

Los grandes colisionadores

A medida que avanzaba el siglo XX, los físicos de partículas se dieron cuenta de que, para comprender las partículas subatómicas en su totalidad, necesitaban aceleradores más potentes.

El salto definitivo en la tecnología de aceleradores se produjo en la década de 1960 con la construcción del Stanford Linear Collider (SLC), y en 1983, en Fermilab, con la construcción del Tevatrón. Estos colisionadores permitieron estudiar partículas subatómicas con energías nunca antes alcanzadas, lo que llevó a importantes descubrimientos, como la observación de quarks, partículas fundamentales que componen los protones y neutrones.

En el siglo XXI, el gran colisionador de electrones y positrones (LEP) en el CERN, en Ginebra (Suiza), se convirtió en el acelerador de partículas más grande del mundo, con una longitud de 27 km. A este lo sucedió en el mismo túnel, y por tanto con similar longitud, el gran colisionador de hadrones (LHC), el más potente hasta la actualidad. Su construcción fue un logro internacional, y su puesta en marcha en 2008 marcó un hito en la física de partículas. El LHC permitió en 2012 la confirmación del bosón de Higgs, una partícula fundamental que explica cómo las partículas fundamentales adquieren masa.

Hoy en día, la tecnología de aceleradores de partículas continúa avanzando a un ritmo vertiginoso. Se están desarrollando proyectos como el International Linear Collider (ILC) y el Future Circular Collider (FCC) en Europa, el Circular Electron Positron Collider (CEPC) en China o el Electron-ion Collider (EiC) en Estados Unidos, todos ellos en busca de energías aún mayores, energías que solo existieron en los primeros instantes del Big Bang en busca de una comprensión más profunda de la física de partículas.

La superconductividad

No podemos cerrar este capítulo sin mencionar la superconductividad. Descubierta de forma experimental en 1911 y sin explicación teórica hasta 1958, esta se empezó a utilizar para la tecnología de aceleradores a partir de 1970.

Se trata de una propiedad que presentan algunos materiales cuando se enfrían por debajo de su temperatura característica, normalmente cercana al cero absoluto, y ha sido clave en el desarrollo de la tecnología de aceleradores en los últimos 50 años. Los materiales superconductores no presentan resistencia al paso de corriente eléctrica, lo que permite transmitir electricidad sin pérdidas de energía. De esta forma se consigue combatir el efecto Joule, estudiado por primera vez por James Prescott Joule en 1841. Este fenómeno se da cuando por un conductor circula corriente eléctrica y entonces parte de la energía cinética de los electrones se convierte en calor; esto ocurre debido a los continuos choques de los electrones con los átomos del material, lo que provoca un aumento de temperatura en el conductor. El uso de materiales superconductores minimiza este efecto, mejorando la eficiencia de dispositivos como imanes y cavidades aceleradoras. Esto ha permitido desarrollar aceleradores más compactos y eficientes, superando continuamente los límites de energía hasta entonces alcanzados. Actualmente, la superconductividad sigue siendo un campo de investigación muy activo.

Ejemplos de aceleradores que basan algunos de sus dispositivos en tecnología superconductora son el LHC del CERN y el XFEL en el centro de investigación de física de partículas DESY (Alemania).

Un legado de innovación científica y descubrimientos

Los desarrollos tecnológicos en la década de 1930 marcaron el comienzo de una nueva era en la ciencia y la tecnología.

Los investigadores ya no estaban limitados por la energía de las partículas que podían estudiar, y los aceleradores de partículas se convirtieron en herramientas esenciales para explorar los misterios del núcleo atómico y las partículas subatómicas. Los avances en esta década sentaron las bases para futuros descubrimientos y revolucionaron nuestra comprensión del universo a nivel fundamental.

La historia de los aceleradores de partículas es una evidencia de curiosidad humana y perseverancia científica. Científicos visionarios como Thomson, Rutherford, Lawrence, Widerøe, Kerst y muchos otros contribuyeron a sentar las bases de esta apasionante rama de la física. A través de los avances tecnológicos en la construcción de aceleradores hemos logrado comprender mejor el universo a niveles subatómicos y responder preguntas fundamentales sobre la materia, la energía y las fuerzas fundamentales que rigen el cosmos. Asimismo, los aceleradores de partículas han influido significativamente en numerosos aspectos de la vida cotidiana, desde la atención médica avanzada hasta la tecnología de vanguardia y la seguridad alimentaria. Su impacto trasciende la investigación científica pura y contribuye al bienestar y al avance de la sociedad en su conjunto.

En este viaje de descubrimiento, los aceleradores de partículas han demostrado ser herramientas indispensables y su legado perdurará mientras continuamos explorando los misterios del universo y forjando nuevos caminos en la mejora del bienestar de la sociedad.

El desarrollo de nuevas tecnologías y conceptos en aceleradores de partículas ha permitido construir máquinas cada vez más grandes, complejas y capaces de alcanzar mayores energías. Esta evolución se representa en los conocidos gráficos de Livingston, como se muestra en el gráfico 1. Publicado por Milton Stanley Livingston en 1954, constituye el primer ejemplo documentado de una ley de crecimiento tecnológico exponencial, similar a la ley de Moore, que establece que el número de transistores que caben en un chip se duplica aproximadamente cada dos años. Su estimación se ha seguido cumpliendo de manera cualitativa hasta el día de hoy, aunque, cierto es, no podrá ser así por siempre.

Gráfica de Livingston. Crecimiento exponencial de la energía de los aceleradores de partículas.

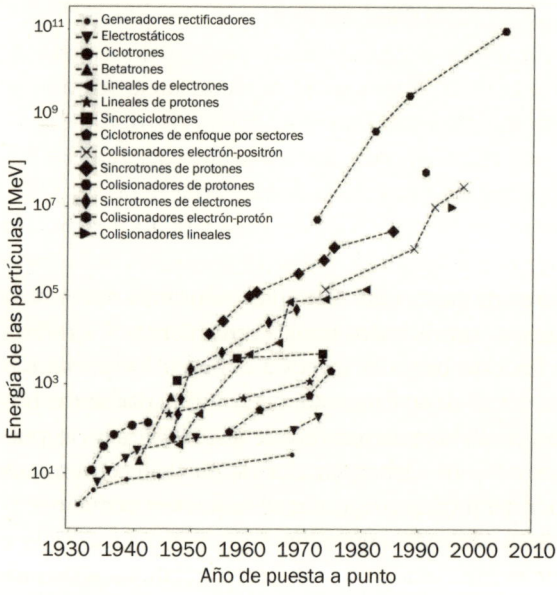

CAPÍTULO 2

Analizando los fundamentos tras el funcionamiento de los aceleradores de partículas

Los aceleradores de partículas son unas máquinas muy complejas, potentes y, sobre todo, unas herramientas increíblemente útiles. En este capítulo vamos a explorar los principios fundamentales detrás de su funcionamiento: ¿qué partículas podemos acelerar, cómo las generamos y de qué manera las impulsamos y guiamos dentro del acelerador de partículas? Veremos que para responder a estas preguntas se requieren conocimientos tanto de física como de ingeniería, ya que esta área multi e interdisciplinar avanza gracias a la estrecha colaboración entre físicos, ingenieros y científicos de distintas disciplinas. Además, describiremos cuáles son las principales piezas tecnológicas que forman parte de estas máquinas y las hacen funcionar.

Electromagnetismo

Todo lo que nos rodea, desde las estrellas que vemos en el cielo hasta los seres vivos, está compuesto por pequeñas unidades llamadas átomos, que a su vez están formados por partículas aún más pequeñas conocidas como partículas subatómicas. Las tres partículas subatómicas principales que componen la materia ordinaria son los protones y neutrones, que forman el núcleo de los átomos, y los electrones presentes a su alrededor.

El universo de las partículas subatómicas no termina aquí. Existen otras descritas por la teoría del modelo estándar de la física de partículas y observadas en distintos experimentos a lo largo de los siglos XIX, XX y XXI, muchos de ellos llevados a cabo con aceleradores de partículas. Sin embargo, no todas las partículas subatómicas gozan de la misma fama cuando se trata de producirlas en aceleradores de partículas. Esto se debe a la dificultad de producirlas o a su corta existencia, ya sea por su naturaleza intrínseca o porque, al interactuar con la materia ordinaria, muchas de ellas se transforman casi de inmediato. Así pues, las más utilizadas son aquellas que forman la materia ordinaria y los fotones, muy presentes también en nuestra vida cotidiana.

El movimiento de estas partículas y cómo interactúan con su entorno viene descrito por cuatro fuerzas o interacciones fundamentales que nos dictan las reglas del juego. Por un lado, está la fuerza gravitatoria (es posible que nos venga a la mente la famosa imagen de Newton bajo el manzano), que es la que nos mantiene pegados a la Tierra y la que hace que los planetas giren alrededor del sol. Después, está la fuerza electromagnética, que es la responsable de que los imanes se atraigan o se repelan, y también de cómo funciona la electricidad y el magnetismo en nuestros dispositivos electrónicos. Es un fenómeno fundamental que está presente en casi todo lo que usamos a diario. Finalmente, tenemos las fuerzas nucleares, la débil y la fuerte. La débil está detrás del fenómeno de desintegración en el cual una partícula emite de forma espontánea otra partícula más ligera y es la responsable de que todos los días nos llegue la luz del sol. La fuerte es la que mantiene unidos los protones y neutrones en el núcleo de los átomos venciendo a la fuerza de repulsión que experimentan los protones por tener todos la misma carga eléctrica. El profundo conocimiento de estas últimas ha dado lugar a numerosas aplicaciones clave relacionadas, por ejemplo, con la generación de energía y el tratamiento de enfermedades como el cáncer. Así, estas cuatro fuerzas, aunque muy diferentes entre sí en cuanto a intensidad y alcance, trabajan juntas para mantener el universo funcionando tal y como lo conocemos.

De entre estas cuatro fuerzas, es la electromagnética la que nos interesa en este capítulo, y es la que nos permite acelerar y limitar el recorrido de las partículas subatómicas dentro de un acelerador. Sin embargo, antes de profundizar en este tema, es imprescindible introducir el concepto de carga eléctrica, pues es una propiedad fundamental que dota a ciertas partículas de ciertos "poderes", haciéndolas sensibles a la fuerza electromagnética.

La carga eléctrica puede ser positiva, negativa o nula. En un átomo, por ejemplo, los electrones, inquietos y revoltosos, llevan carga negativa; los protones, más optimistas, tienen carga positiva, y finalmente, los neutrones, los más relajados de todos, no tienen carga eléctrica, y como su propio nombre indica, son neutros. Esta propiedad de la materia es discreta, siempre es un múltiplo de un valor fundamental: la carga del electrón (negativa) o la del protón (positiva), que son iguales en magnitud, pero con signo contrario y su unidad de medida es el culombio, nombre que se le dio en honor al matemático, físico e ingeniero francés Charles-Augustin de Coulomb, por sus trabajos en dicha materia. Si tenemos un átomo con múltiples partículas subatómicas cargadas, esta propiedad es aditiva, por tanto, la carga total del átomo es simplemente la suma de todas estas. Por lo general, la materia es eléctricamente neutra; como en un balancín equilibrado, las cargas positivas y negativas se contrarrestan, logrando así su estabilidad. Sin embargo, mediante ciertos procesos, los átomos de un elemento pueden perder o ganar electrones y quedar así ionizados, es decir, con un cierto valor de carga eléctrica y ese poder del que hemos hablado inicialmente. Este poder se manifiesta en forma de una fuerza tal que dos partículas o átomos con la misma carga se repelen, mientras que dos partículas o átomos con carga opuesta se atraen.

Los antiguos griegos fueron los primeros en documentar fenómenos relacionados con esta propiedad de la materia. Alrededor del año 600 a. C., el filósofo Tales de Mileto observó que, al frotar un trozo de ámbar contra su quitón de lana, este adquiría la capacidad de atraer pequeños objetos como, por ejemplo, hilos. Para poder experimentarlo por nosotros mismos necesitamos un bolígrafo de plástico, frotarlo contra la manga de un suéter de lana y luego acercarlo a pequeños trozos de papel; al hacerlo, estos se adhieren de inmediato. Algunos elementos, como el ámbar o el plástico del bolígrafo de nuestro experimento, tienen facilidad para capturar electrones y quedar cargados negativamente. Esta acumulación de carga ejerce una fuerza sobre los electrones de la superficie del hilo o del papel, redistribuyendo su carga superficial y originando el fenómeno de atracción. Estas primeras observaciones marcaron el origen de la electricidad, un término derivado de la palabra griega *elektron*, que significa 'ámbar'.

En las cercanías de Mileto, en lo que hoy es Turquía, específicamente en la región de Magnesia, se observó otro fenómeno similar. Allí, los antiguos griegos encontraron trozos de magnetita y comprobaron que estos se atraían entre sí, y también a pequeños objetos de hierro. Los elementos con estas propiedades son lo que hoy conocemos comúnmente como imanes.

La explicación científica de estos fenómenos no se dio hasta el siglo XVII, cuando el científico inglés William Gilbert propuso una interpretación para estas observaciones, iniciando así una senda que sería recorrida por numerosos físicos en las décadas siguientes, entre los que destacan Otto von Guericke, Stephen Gray, Benjamin Franklin y Alessandro Volta. A principios del siglo XIX, Hans Christian Orsted demostró que los fenómenos eléctricos y magnéticos están relacionados, y desde entonces y hasta mediados del siglo XIX, mentes ilustres como André-Marie Ampère, Jean-Baptiste Biot, Félix Savart, Joseph Henry, Georg Simon Ohm, Michael Faraday y James Clerk Maxwell, entre otros, tejieron con sus trabajos los cimientos del electromagnetismo. Fue Maxwell quien, con maestría, unificó el legado de sus predecesores en cuatro ecuaciones que describen todas las leyes de la electricidad y el magnetismo. Estas leyes revelan cómo, en presencia de partículas subatómicas o átomos con carga eléctrica, el espacio se llena de energía. Esta perturbación del espacio, que conocemos como campo, puede ser eléctrica, magnética o una fusión de las anteriores, electromagnética. Y cómo son estos campos y cómo evolucionan en el espacio y en el tiempo puede calcularse dada una geometría de contorno y una distribución de carga con las cuatro ecuaciones de Maxwell.

Esta perturbación del espacio es invisible a nuestros ojos, pero detectable por partículas subatómicas con carga eléctrica. Si una o varias de estas partículas atraviesan una región donde se han generado campos electromagnéticos, interactúan con él, lo que puede alterar tanto su energía como la dirección de su trayectoria. La fuerza de Lorentz, formulada por el físico Hendrik Antoon Lorentz, nos describe cómo es esta interacción. Así pues, para acelerar partículas cargadas, es necesario utilizar campos eléctricos que estén alineados con la dirección de su movimiento, mientras que para desviar su trayectoria, tanto los campos eléctricos como los magnéticos son útiles, aunque el campo eléctrico resulta más eficiente únicamente a muy bajas energías.

Dado que los campos electromagnéticos son el alma de los aceleradores de partículas, vamos a dedicarles unas líneas más, con la esperanza de explicar con más claridad este concepto. Los campos electromagnéticos están por todas partes, vivimos inmersos en una gran fiesta de ondas invisibles, y las fuentes son tanto naturales como artificiales: desde la Tierra misma hasta nuestros queridos aparatos electrónicos. Algunos ejemplos de origen natural son los campos eléctricos que se generan en la atmósfera debido a la acumulación de cargas eléctricas durante las tormentas, y que se manifiestan generando rayos y relámpagos. Asimismo, tenemos el campo magnético terrestre, responsable de la orientación de las agujas de las brújulas en dirección norte-sur, y que además les sirve a aves y peces para orientarse. Tenemos también una infinidad de fuentes no naturales de campos eléctricos y magnéticos presentes a nuestro alrededor: las líneas de media y alta tensión encargadas de traernos la electricidad a casa, los electrodomésticos, las pantallas de ordenador, radios, televisores, teléfonos móviles...

Los campos electromagnéticos se comportan como dos ondas acopladas, una que se conoce como la componente eléctrica ($\vec{E}$) y la otra como componente magnética ($\vec{B}$), tal y como se ha ilustrado en la figura 4. Las olas del mar, con sus subidas y bajadas, son oscilaciones del agua que se propagan a través del océano hasta alcanzar la orilla o desvanecerse en el horizonte; en otras palabras, son ondas.

Figura 4
Representación de una onda electromagnética propagándose en espacio libre.

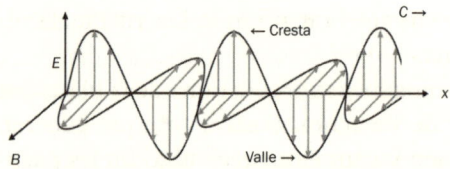

Las ondas se caracterizan por un valle (punto más bajo) y una cresta (punto más alto). La distancia vertical entre la punta de la cresta y el eje central de la onda se conoce como amplitud y está asociada con el brillo o la intensidad de la onda, o para el caso que nos concierne, el valor de la fuerza electromagnética disponible para actuar sobre una aventurada partícula subatómica que quiera atravesar esta región del espacio. La distancia horizontal entre dos crestas o valles consecutivos de la onda se conoce como longitud de onda, que está relacionada con la cantidad de energía que esta transporta. Cuanto más corta es la longitud de onda, mayor es la energía que transporta y también mayor su capacidad para interactuar con las partículas subatómicas que encuentra a su paso. Otro de los parámetros fundamentales que se utiliza para describir este fenómeno es la frecuencia, que revela cuántas de estas ondulaciones atraviesan un punto en el espacio cada segundo. Cuanto mayor es la longitud de onda, menor es su frecuencia asociada.

Como hemos adelantado, las ondas transportan energía y pueden hacerlo sin un medio físico. Lo hacen a través de diminutos paquetes llamados fotones, que son partículas subatómicas sin masa que se mueven a una velocidad increíble, ¡de aproximadamente 300 000 kilómetros por segundo cuando están en el vacío! Es por esto que a veces hablamos de radiación electromagnética en vez de ondas electromagnéticas. Esta radiación se clasifica en lo que conocemos como el espectro electromagnético, que abarca una amplia gama de longitudes de onda, desde los rayos gamma y los rayos X, que tienen longitudes de onda muy cortas y, por tanto, transportan mucha energía, hasta las ondas de radio, que tienen longitudes de onda mucho más largas y de menor energía. Y entre estas se encuentran la luz visible, la ultravioleta y la infrarroja.

Así pues, el electromagnetismo es la rama de la física que nos permite entender de forma exhaustiva cómo se generan estos campos o radiación y cómo interaccionan con las partículas cargadas; por ello constituye uno de los pilares fundamentales detrás del funcionamiento de los aceleradores de partículas.

Gran parte del trabajo que hacemos desde la física y la ingeniería de aceleradores de partículas consiste en diseñar campos eléctricos y magnéticos y la tecnología que los produce, haciendo uso de las ecuaciones de Maxwell. Posteriormente, combinando estos cálculos con la fuerza de Lorentz, mecánica y herramientas matemáticas, estudiamos cómo cambia la energía de las partículas y cómo se mueven dentro del acelerador. Estos estudios se centran en examinar factores como la trayectoria, la dispersión de energía y otras propiedades que describen la estabilidad del conjunto de partículas en cuestión. En la mayoría de los casos, la mecánica clásica, cuya formulación se utiliza para estudiar cómo se mueven objetos bajo la influencia de fuerzas externas, es todo lo que necesitamos, pues las partículas subatómicas pueden tratarse como objetos puntuales. Sin embargo, cuando se trata de partículas que viajan a velocidades cercanas a la de la luz, es necesario recurrir a la mecánica relativista y, en algunos casos, a la formulación de la mecánica cuántica. Gracias a estas herramientas, podemos diseñar aceleradores de partículas personalizados para aplicaciones específicas y garantizar un rendimiento óptimo para cada misión.

Es importante tener en cuenta que los campos electromagnéticos solo pueden influir de manera efectiva en partículas cargadas. Las partículas sin carga eléctrica, como los neutrones, son esencialmente inmunes a su efecto. Sin embargo, sí que podemos crear este tipo de partículas a partir de haces de partículas cargadas usando técnicas especiales para transformarlas. En particular, se emplean aceleradores de partículas para generar chorros de fotones y neutrones, ambos con carga eléctrica neutra, que se emplean en muchas aplicaciones interesantes, como veremos en los próximos capítulos.

Concepto de energía y relatividad especial

Otra de las piezas fundamentales que ha permitido grandes avances en la tecnología de aceleradores es la teoría de la relatividad especial, publicada en 1905 por Albert Einstein. Esta teoría es una versión actualizada de las leyes del movimiento de la mecánica clásica que Newton presentó en 1687.

Una de las ideas más brillantes de esta teoría es que la masa y la energía son intercambiables, lo que significa que pueden transformarse entre sí según la famosa ecuación $E = mc^2$, donde E es la energía, m es la masa y c es la velocidad de la luz. Esta ecuación nos revela que la masa está directamente relacionada con la energía e implica que incluso un objeto pequeño y en reposo posee una cierta cantidad de energía inherente. Además, esta teoría establece que la velocidad de la luz en el vacío es el límite máximo al que puede viajar cualquier partícula en el universo, siendo este valor de aproximadamente 300 000 kilómetros por segundo. Si analizamos con detalle la formulación de Einstein, uno puede llegar a la conclusión de que para que una partícula alcance la velocidad de la luz en el vacío existen solo dos posibilidades: o la masa en reposo de la partícula es cero, como ocurre con los fotones, o bien la energía de la partícula es infinita, lo que es física y tecnológicamente inalcanzable.

Las aventuradas predicciones de Einstein acerca del comportamiento de la materia, el espacio y el tiempo han sido probadas por numerosos experimentos a lo largo de los años y se vuelven indispensables cuando tratamos con objetos moviéndose a velocidades que se acercan a la velocidad de la luz en el vacío. Esta teoría ha sido fundamental en la evolución de los aceleradores de partículas, ya que ha ayudado a entender por qué algunas tecnologías dejan de ser eficaces para ciertas aplicaciones y ha sido crucial en el diseño de nuevas tecnologías capaces de alcanzar mayores energías.

El gráfico 2 muestra cómo varía la velocidad de un protón, expresada en términos de la velocidad de la luz en el vacío (eje vertical), en función de la energía que se le suministra (eje horizontal). La línea discontinua representa la predicción de cómo aumenta la velocidad de la partícula descrita por la mecánica clásica, mientras que la de rayas y puntos corresponde a la formulación relativista, que tiene en cuenta los efectos de la teoría de la relatividad. Como podemos ver, si la velocidad de los protones en nuestro acelerador es inferior al 10-15% de la velocidad de la luz, bastará con las teorías clásicas del movimiento de Newton. Sin embargo, si la velocidad supera este umbral, las predicciones de la física clásica y la relativista comienzan a divergir significativamente, haciendo imprescindible el uso de la teoría de la relatividad para describir el comportamiento real de las partículas. En este marco, comprendemos que, a medida que un objeto se acerca a la velocidad de la luz, su aumento de velocidad se ralentiza, mientras que su masa crece rápidamente. Como resultado, se requiere una cantidad de energía cada vez mayor para que aumente su velocidad.

Velocidad de un protón según la mecánica
clásica y la relativista.

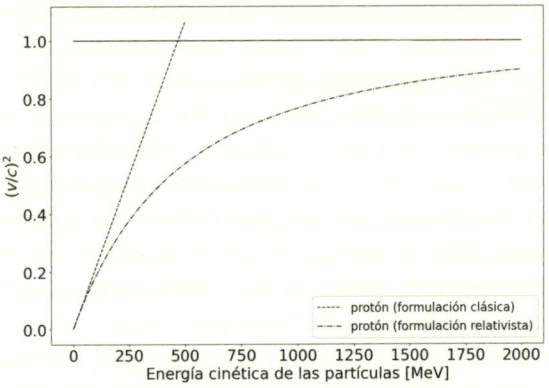

Para terminar, vamos a hacer un pequeño cálculo numérico que nos ayude a familiarizarnos con las unidades de energía usadas en el estudio de partículas subatómicas en aceleradores. En el Sistema Internacional de Unidades, la unidad de medidas que se utiliza para cuantificar la energía asociada a un objeto es el julio (J), en honor al físico inglés James Prescott Joule. Sin embargo, esta unidad es demasiado grande cuando tratamos con partículas subatómicas. En su lugar, utilizamos una unidad más práctica llamada electronvoltio (eV), que se define como la energía que un electrón gana cuando se acelera a través de una diferencia de potencial de 1 voltio —como referencia, podemos señalar que las pilas medianas que tenemos en casa son de 1,5 voltios—. Un 1 eV es equivalente a aproximadamente 0,00000000000000000016 julios, que es un valor extremadamente pequeño. Hoy en día, los aceleradores de partículas alcanzan energías que van desde el eV hasta el TeV (teraelectronvoltio), un rango impresionante de 12 órdenes de magnitud. Para ponerlo en perspectiva, 1 TeV equivale a 1 millón de millones de eV, lo que se traduce en 0,00000016 julios.

En este punto, vamos a comparar la energía de tres sistemas: un tren de alta velocidad, un yogur de fresa y un protón del acelerador más potente del mundo, el LHC del CERN. La energía cinética de un tren de alta velocidad de 400 toneladas, 200 metros de largo y que viaja a 150 km/h es de unos 340 millones de julios; un yogur de fresa tiene una energía química de aproximadamente medio millón de julios, y la energía de un protón del LHC es de solo 0,000001 julios. Parece poco, pero ¿qué pasa si dividimos estos valores entre el volumen que ocupa cada uno de estos objetos? Al hacerlo, obtenemos la densidad de energía. Y aquí es donde las cosas se vuelven realmente interesantes, porque descubriremos que la relación entre los sistemas se invierte por completo. Ya no es el tren de alta velocidad el número uno, sino el protón del LHC, con una densidad de energía de 33 y 29 órdenes de magnitud superior al tren de alta velocidad y al yogur respectivamente.

TABLA 1
Comparativas de energías y densidades de energía.

	PROTÓN DEL LHC	150 GR DE YOGUR	TREN DE ALTA VELOCIDAD
Energía [J]	$1,10 \cdot 10^{-6}$	$5,00 \cdot 10^{5}$	$3,40 \cdot 10^{8}$
Volumen [m³]	$2,14 \cdot 10^{-45}$	$2,30 \cdot 10^{-4}$	$1,25 \cdot 10^{3}$
Densidad de energía [J/m³]	$5,14 \cdot 10^{38}$	$2,20 \cdot 10^{9}$	$2,70 \cdot 10^{5}$
Tipo de energía	Cinética	Química	Cinética
Escala	Subatómica	Macroscópica	Macroscópica

Por ello, aunque las energías que manejamos no sean "tan" grandes en términos absolutos, sí lo es la densidad de energía que podemos conseguir. Y este es el gran secreto de los aceleradores de partículas, pues nos permite recrear las condiciones de energía que se produjeron en el Big Bang aunque sea durante un breve instante de tiempo y en un espacio muy reducido, abriéndonos las puertas al mundo subatómico y a muchísimas aplicaciones, como iremos descubriendo en los próximos capítulos.

¿Cuáles son las tecnologías principales que componen un acelerador de partículas?

Todos los aceleradores de partículas, aunque varíen en forma (lineales o circulares), tamaño (desde metros hasta kilómetros de longitud) y tecnología (superconductores o no), comparten cuatro componentes principales: la fuente de partícula, los tubos de vacío y los generadores de campos eléctrico y magnético.

Una vez creadas en la fuente, las partículas subatómicas se inyectan en tubos de vacío, algo así como las tuberías que tenemos en casa por donde circula el agua, pero ultralimpias, y se hace para que nuestras diminutas viajeras se desplacen sin tropezar con ningún obstáculo en el camino. Esto se consigue creando en el interior de los tubos condiciones de ultra-alto vacío, alcanzando valores cercanos a los del espacio exterior. Por estos tubos de vacío se transportan las partículas a través de campos eléctricos y magnéticos cuidadosamente diseñados para agruparlas y darles justo las propiedades que se necesitan.

Las fuentes de campo eléctrico, como ya hemos anticipado al inicio de este capítulo, se utilizan para incrementar la energía de las partículas, mientras que las fuentes de campo magnético se utilizan para guiar, focalizar y maximizar su transmisión. Tras atravesar estas regiones, las partículas son conducidas hasta un punto de aplicación donde se encontrarán con otras partículas si estamos en un experimento de física de partículas, un bloque de material si el experimento es de física nuclear o un paciente para aplicarle un tratamiento de radioterapia si estamos en un hospital.

Fuentes de partículas

El primer elemento que nos encontramos en un acelerador de partículas es la fuente que, utilizando diversos fenómenos físicos, genera chorros de partículas cargadas llamados haces, compuestos por cientos o miles de millones de partículas subatómicas. Las partículas cargadas las obtenemos directamente a partir de la materia ordinaria, la cual rompemos para después atrapar los productos con los que queremos trabajar.

FIGURA 5
Esquema de un acelerador lineal típico. La fuente.

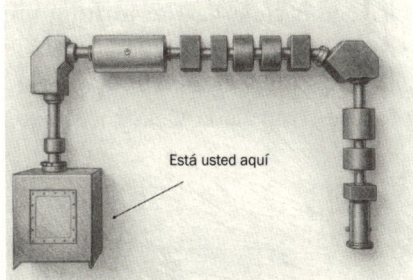

Está usted aquí

Los fenómenos físicos que fundamentan los diferentes tipos de fuentes varían según la partícula cargada que se desea generar. En el caso de los electrones, estas fuentes se basan en diversos mecanismos: el calentamiento de un metal, que incrementa la energía cinética de los electrones y permite que algunos escapen; el efecto fotoeléctrico, en el que la luz incidente libera electrones al impactar sobre el material, o el efecto de campo, que utiliza intensos campos eléctricos para facilitar la liberación de electrones de la superficie de un metal. Por otro lado, las fuentes de protones se basan en el uso de hidrógeno gaseoso, cuyas moléculas están formadas por un electrón y un protón al cual aplicamos un campo eléctrico para lograr disociar las moléculas y seleccionar los protones. Este mismo método puede emplearse para obtener átomos de otros elementos, como oxígeno o carbono; sin embargo, en cada caso, el gas utilizado debe contener el elemento que se desea extraer. Por último, las fuentes de antimateria, como positrones y antiprotones, se basan en el uso de haces primarios de electrones y protones, los cuales se hacen chocar contra un bloque de material. Después, como en los casos anteriores, podemos separarlas de los otros productos mediante la aplicación de campos eléctricos o magnéticos cuyo efecto depende del valor de la carga y de la masa de la partícula.

En la figura 6 se muestra la fuente de protones del LHC. La bombona de hidrógeno que se utiliza tiene el tamaño aproximado de una botella de refresco y nos permite generar protones para todo un año de trabajo, siendo el número de protones que se inyectan cada vez en torno a mil billones (10^{15} protones). Estos circulan en el LHC durante poco más de 10 horas. Cuando llega el momento, los que aún quedan, se retiran de forma controlada y el proceso comienza de nuevo.

FIGURA 6
La fuente de protones del LHC.

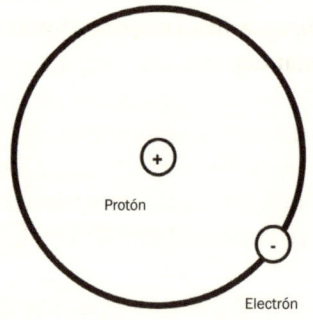

Átomo de hidrógeno

Las fuentes pueden emitir las partículas de forma continua o pulsada. En un haz continuo, las partículas se emiten sin pausa, fluyendo como un río de energía que nunca se detiene. Por otro lado, un haz pulsado agrupa las partículas en pequeños paquetes que se liberan a intervalos regulares, concentrando grandes cantidades de energía en instantes de tiempo muy cortos.

Algunas de las propiedades principales del haz de partículas quedan ya definidas desde el inicio, y comprenden el tipo de partícula, la carga eléctrica, la máxima intensidad, que corresponde al número máximo de partículas que podemos tener por segundo, y la emitancia geométrica.

El concepto de emitancia juega un papel fundamental en el diseño y en el funcionamiento de los aceleradores de partículas. La emitancia geométrica indica qué tan concentrado o disperso está un haz de partículas dentro de los tubos de vacío mientras avanza hacia su destino. Para entender mejor este concepto, vamos a imaginarnos que tenemos un conjunto de peces (partículas subatómicas) nadando en una piscina. La emitancia geométrica sería el espacio que ocupan los peces mientras nadan de un extremo al otro de la piscina y la forma en que se distribuyen. Si todos los peces nadan muy cerca unos de otros y con la misma dirección, estos ocupan menos espacio y tenemos una baja emitancia. Si los peces se mantienen agrupados, pero de forma más desordenada y dispersándose en diferentes direcciones, ocupan un mayor espacio y tenemos una alta emitancia.

Figura 7
Símil de la emitancia.

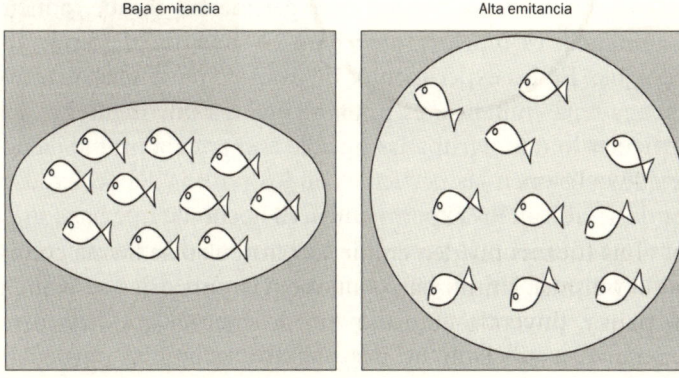

Un haz de baja emitancia es más fácil de controlar y guiar, mientras que uno de alta emitancia presenta mayores desafíos. Si solo consideramos el efecto de los campos magnéticos lineales (que dependen de la posición) e ignoramos las fuerzas que alteran la energía de las partículas (como la aceleración o desaceleración), este parámetro se mantiene constante en su transporte. Sin embargo, si existe aceleración, es decir, si aplicamos fuerzas en la dirección de propagación del haz de partículas para aumentar su velocidad y energía, la dispersión espacial y direccional de este se reduce y, por tanto, su emitancia geométrica. Para tener en cuenta la variación de energía, existe el concepto de emitancia normalizada y gracias a él podemos seguir utilizando este parámetro para tener una idea de la calidad del haz en diferentes partes del acelerador, aun con aceleración. Por todo esto, este parámetro es muy útil en el diseño de aceleradores y nos permite trabajar en las fases iniciales de diseño sin tener que evaluar la trayectoria individual de los miles de millones de partículas del haz, lo cual, en muchos casos, sería simplemente impracticable.

Junto con la intensidad de partículas, preservar la emitancia es uno de los mayores quebraderos de cabeza de los físicos de aceleradores y uno de los objetivos principales de los estudios de diseño de dinámica de haz. Aunque es posible en máquinas muy grandes diseñar dispositivos que nos permitan mejorarla, la implementación es muy compleja y estas técnicas solo se utilizan en experimentos donde reducir la emitancia es indispensable para obtener un rendimiento aceptable. En los experimentos de física de partículas, mantener una baja emitancia es fundamental, ya que mantener las partículas lo más agrupadas posible aumenta la probabilidad de que colisionen las partículas en los puntos del acelerador donde se ubican los experimentos. El hecho de que haya más colisiones aumenta la posibilidad de nuevos descubrimientos, ya que las posibles nuevas partículas o fenómenos que se producen se repiten muchas más veces, asegurando así un nivel de confianza suficiente del descubrimiento.

Fuentes de campo eléctrico

Una vez que se ha generado el haz de partículas, es necesario un sistema de aceleración que aumente su energía hasta el nivel requerido para la aplicación en la que se utilizará. Como ya hemos introducido en este capítulo, para lograr este objetivo necesitamos generar campos eléctricos en la dirección en que queremos mover las partículas. Estos campos pueden ser constantes o variables en el tiempo.

FIGURA 8
Esquema de un acelerador lineal típico.
Las cavidades aceleradoras.

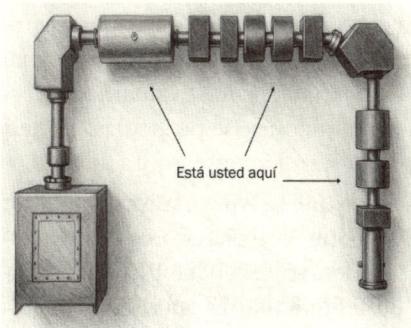

Está usted aquí

Empezaremos hablando de la aceleración con campos electroestáticos, que fueron los primeros en utilizarse. Imaginemos un espacio vacío donde colocamos dos placas metálicas: llamaremos A a una y B a la otra, como queda ilustrado en la figura 9. Si creamos una diferencia de carga eléctrica entre las placas A y B, generamos lo que se conoce como voltaje. Esto produce un campo eléctrico constante que apunta del lado positivo al negativo. Ahora, si colocamos una partícula cargada en medio, esta absorberá energía del campo y comenzará a moverse: si su carga es positiva, seguirá la dirección y el sentido del campo; si es negativa, irá en la misma dirección pero en sentido contrario. Además, cuanto mayor sea el voltaje entre A y B, más intenso será el campo eléctrico y más energía ganará la partícula en su recorrido. Una forma de visualizar este concepto es con ayuda de un tobogán (como los que encontramos en los parques infantiles). Cuanto más alto y empinado sea el tobogán, equivalente a tener un mayor voltaje entre A y B, más rápido será el deslizamiento, así como nuestra partícula subatómica.

Figura 9
**Partícula cargada sometida a una fuerza
en un campo eléctrico entre dos placas metálicas.**

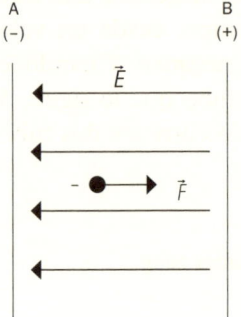

Los primeros aceleradores que se inventaron se basaban en este principio y se conocen como aceleradores electrostáticos. Distintas tecnologías se desarrollaron, como hemos visto en el capítulo anterior, para aumentar la diferencia de voltaje entre A y B, y aunque a día de hoy se siguen utilizando, estos aceleradores están limitados a aplicaciones que requieren energías bajas (~10 MeV). El problema de esta tecnología para alcanzar energías aún mayores es que, al superar cierto voltaje entre dos puntos, el vacío deja de ser un buen aislante y se produce un fenómeno conocido como ruptura del dieléctrico. Esto ocurre porque, aunque hablemos de vacío, algo siempre queda, y llega un punto en que las moléculas de lo que queda se rompen. Cuando esto ocurre, el medio, que antes era vacío y por tanto aislante, pasa a ser conductor, dando paso a la circulación de electrones, fenómeno que se manifiesta en forma de chispazo. Este fenómeno es el mismo que cuando se produce un rayo a través del aire en una tormenta.

En 1924, Gustav Ising presentó una idea revolucionaria: un concepto de aceleración que se basaba en el uso de campos eléctricos oscilantes, variantes con el tiempo, y en la implementación de múltiples estaciones de aceleración. Tres años más tarde, en 1927, el ingeniero Rolf Widerøe, durante su doctorado, dio vida a esta visión, diseñando con éxito el primer acelerador lineal real (el diseño conceptual se ilustra en la figura 10). En esta vemos varios tubos metálicos separados una cierta distancia entre los cuales se genera una diferencia de voltaje que oscila con el tiempo, desde un valor máximo positivo a un valor mínimo negativo. Cuando es máximo en un tubo, es mínimo en el tubo que le sigue, de forma que se genera un campo eléctrico entre los dos tubos que va oscilando con el tiempo.

Figura 10
Diseño conceptual del acelerador lineal de Gustav Ising.

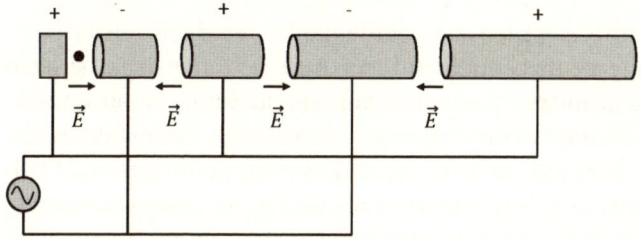

Las partículas que circulan a través de los tubos se aceleran en el espacio que se encuentra entre ellos, y la longitud de estos debe ser tal que cuando la partícula llega al extremo opuesto, vuelve a encontrar el campo eléctrico en su máxima intensidad. Esta exigencia tiene una consecuencia directa: no podemos acelerar haces continuos, ya que la aceleración varía con el tiempo. Para lograr una aceleración eficiente y controlada, es fundamental sincronizar el paso de las partículas con el instante exacto en que el campo eléctrico alcanza su máxima intensidad y está orientado en el sentido correcto. De esta manera, las partículas aprovechan al máximo la energía del campo y se aceleran de forma óptima. Este principio puede visualizarse fácilmente: imaginemos un surfista tratando de atrapar la ola perfecta; si no alcanza la cresta de la ola, se queda atrás o se hunde en el agua. Lo mismo pasa con nuestra partícula subatómica: debemos lograr que se suba a la cresta de la ola del campo eléctrico, o al menos muy cerca de ella, como veremos más adelante.

Pero ¿qué sucede si tenemos más de una partícula? Imaginemos un paquete de partículas, conocido como *bunch*, en el que algunas llegan antes y otras después. En este caso, debemos ser más cuidadosos a la hora de escoger el momento para inyectar el paquete de partículas en la ola del campo electromagnético. Esto es crucial para mantener la estabilidad y la calidad de nuestro paquete de partículas en su conjunto. En la figura 11 se representa cómo oscila el voltaje o campo eléctrico (eje vertical) en función del tiempo (eje horizontal) y tenemos un conjunto de tres partículas. Las partículas se introducen en la sección aceleradora justo cuando el campo eléctrico está aumentando, es decir, en la parte ascendente de la onda. Sin embargo, no todas llegan exactamente al mismo tiempo, lo que puede influir en su aceleración y comportamiento dentro del sistema. Dentro del *bunch*, hay una partícula de referencia, representada aquí en blanco. Delante de ella, encontramos otra partícula que ha llegado antes de lo esperado, representada en negro, y otra que llega después, representada en gris. La partícula que llega antes que la de referencia se encuentra con un campo eléctrico más débil y, por lo tanto, se acelera menos, terminando rezagada respecto a sus compañeras. En contraste, la partícula que llega más tarde, la gris, experimenta un campo más intenso, lo que la impulsa con mayor fuerza y la hace adelantar posiciones. Cuando el *bunch* atraviesa el primer tubo y vuelve a encontrar el campo eléctrico en la siguiente estación aceleradora, el proceso se invierte: la partícula que iba delante queda atrás y la que iba detrás se adelanta. Así, la posición de las partículas oscila alrededor de la partícula de referencia, como corredores en una pista que en cada vuelta van intercambiando posiciones en un juego de adelantamientos. En este equilibrio dinámico, ninguna partícula se queda rezagada ni se distancia demasiado del grupo, manteniendo la cohesión del *bunch* y su dispersión en energía bajo control.

Figura **11**
Partículas de referencia, avanzada y retrasada con respecto
a la cresta de la onda.

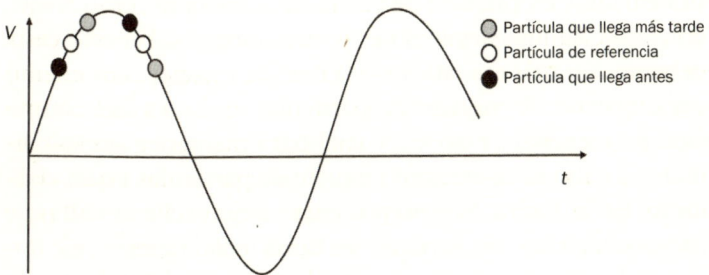

Pero ¿qué ocurre si inyectamos el haz en la otra ladera de
la cresta? En este caso, la partícula que llega antes, la negra, ve
un campo mayor que las otras, así que se acelera más y llega-
rá también antes a la siguiente región aceleradora. La que
llega última, la gris, se acelerará menos que las otras y poco a
poco se irá quedando más y más atrás. Así, la dispersión del
haz de partículas aumenta, lo que deteriora su calidad y afecta a su estabilidad.

¿Y si las inyectamos para que la partícula de referencia
esté justo en la cresta? En este caso, dicha partícula cada vez
tendrá más energía e irá dejando a las otras atrás. Sin embargo,
cuando las partículas se acercan a la velocidad de la luz, como
diría Einstein, las cosas se ponen "relativamente" interesantes:
su velocidad apenas cambia, aunque las empujemos con todas
nuestras fuerzas. En estos casos sí es deseable operar poniendo
la partícula de referencia en el máximo de nuestro campo eléctrico, consiguiendo así maximizar la eficiencia de aceleración.

Al final, escoger el momento óptimo de inyección requiere estudios detallados, teniendo en cuenta tanto las fuentes de campo eléctrico como magnético y cómo se disponen
estas a lo largo del acelerador de partículas.

Otro aspecto clave de este concepto de aceleración es la
longitud de los tubos de deriva, las regiones donde no tenemos
campo eléctrico. Como hemos mencionado, su longitud debe

estar cuidadosamente calculada para que, al llegar al extremo de salida, las partículas vuelvan a encontrarse con el campo en el momento justo. A medida que la partícula se acelera, recorre una determinada distancia en un tiempo cada vez menor. Por esta razón, los tubos de aceleración deben ser cada vez más largos para mantener la sincronización del campo con el paso de las partículas. Es por esto que los aceleradores basados en tubos de deriva se emplean únicamente en las primeras etapas de aceleración. Este concepto es ideal para darles un primer impulso, pero a medida que las partículas se mueven más rápido, se requieren otras tecnologías.

A esta tecnología de aceleración le siguió el desarrollo de cavidades aceleradoras de radiofrecuencia, que son a día de hoy la tecnología más utilizada tanto en aceleradores lineales como circulares. Su desarrollo se impulsó en los años cincuenta gracias a los avances llevados a cabo en generadores de alta potencia para los radares. Esta tecnología emplea cavidades metálicas diseñadas con una geometría optimizada para generar campos electromagnéticos en su interior tal que la componente eléctrica $\vec{E}$ del campo está alineada con la dirección en la que queremos que se muevan las partículas. Los campos electromagnéticos que pertenecen al rango de radiofrecuencia del espectro electromagnético oscilan a frecuencias que van desde los 3 hercios (Hz) hasta los 300 gigahercios (GHz). Estas cavidades pueden utilizarse para acelerar partículas a velocidades relativistas y permiten obtener gradientes de aceleración más altos y por tanto aceleradores más compactos que las tecnologías previas. Hoy en día sigue siendo un campo con mucho desarrollo e investigación de vanguardia, como veremos en el último capítulo.

Sistemas de guiado, focalización y control

Otro de los sistemas fundamentales en un acelerador de partículas es el conjunto de imanes o fuentes de campo magnético. Su papel es crucial, ya que permiten guiar y controlar con precisión la trayectoria de las partículas a lo largo del acelerador, asegurando que sigan el camino deseado a lo largo de su viaje.

FIGURA **12**
Esquema de un acelerador lineal típico.
Sistemas magnéticos de focalización y guiado.

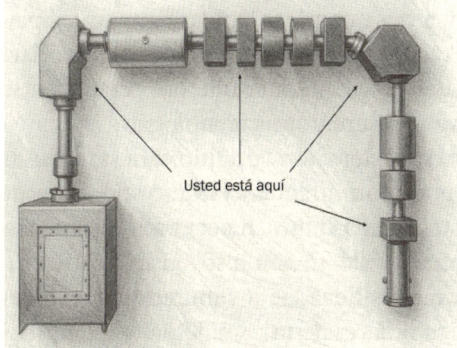

Usted está aquí

Existen diversos tipos de imanes, cada uno diseñado para generar campos magnéticos específicos con distintos propósitos. Entre ellos, los dipolos, imanes con dos polos, similares a los que encontramos en la puerta de nuestras neveras, pero mucho más potentes, se emplean para curvar la trayectoria de las partículas. Son, de hecho, elementos esenciales en los aceleradores circulares, encargados de guiar los haces de partículas a lo largo de su trayectoria circular, manteniéndolos en órbita dentro de la máquina. Cuando la función de un dipolo no es definir una trayectoria circular ni curvar el recorrido del haz, sino realizar pequeñas correcciones, se lo conoce como corrector.

Estos imanes, generalmente más pequeños que los dipolos, desempeñan un papel clave en el ajuste fino de la trayectoria de las partículas y en algunos casos han ayudado a sortear desafíos inesperados. Eso fue exactamente lo que ocurrió en el LHC a principios de 2015, cuando los operadores detectaron una pérdida significativa de protones en un punto específico de la máquina, impidiendo su funcionamiento normal. Después de un análisis exhaustivo y varias campañas experimentales, se formuló la hipótesis de que algo misterioso estaba bloqueando el paso de las partículas, apodado ULO (*unidentified lying object*). Este intruso planteó un desafío inesperado en la operación de esta máquina. Afortunadamente, la cámara de vacío era lo suficientemente grande y el ULO lo bastante pequeño como para que los correctores cercanos al objeto pudieran desviar el haz alrededor de él, evitando mayores inconvenientes y tener que parar la máquina para abrirla. En 2018, una inspección endoscópica de la zona reveló la naturaleza del enigmático obstáculo: una hebra retorcida de plástico, de apenas unos centímetros, atrapada entre las ranuras del tubo de vacío y los orificios de limpieza. Con esta anécdota queremos poner en evidencia la extraordinaria precisión que se requiere tanto en la fabricación como en el montaje de los componentes que dan vida a los aceleradores de partículas, así como de la utilidad de los imanes correctores que nos permiten dirigir a las viajeras.

Si seguimos aumentando el número de polos, el siguiente imán que nos encontramos en un acelerador de partículas es el cuadrupolo. El uso de estos dispositivos implicó un avance técnico muy importante en los aceleradores de partículas y su integración vino dada por el desarrollo teórico realizado por Ernest Courant, Milton Stanley Livingston y Hartland Snyder, y de manera independiente, por Nicholas Christofilos a principios de los años cincuenta. El curso de los acontecimientos en torno a este descubrimiento resulta, cuanto menos, curioso. El 10 de marzo de 1950, Christofilos patentó su innovador sistema de focalización de gradiente alterno, aunque la patente no fue aprobada hasta 1956. Una idea revolucionaria pero que pasó desapercibida durante casi tres años. Como no publicó su trabajo en una revista científica, no atrajo la atención necesaria, y aquellos que recibieron copias privadas del trabajo, o bien no lo leyeron o no apreciaron su importancia.

En 1952, el concepto de focalización fuerte fue redescubierto de forma independiente por Courant y Snyder, tras una sugerencia de Livingston de examinar una disposición de imanes dipolares colocados de manera alterna. Esta vez, el hallazgo se publicó de inmediato y se aplicó rápidamente al diseño de nuevos aceleradores en Brookhaven, Cornell y el CERN. En contraste, Christofilos hizo su descubrimiento de manera autónoma e independiente y con un acceso muy limitado a la literatura especializada. En 1953, visitó Estados Unidos y mientras leía el *Physical Review* en la Biblioteca Pública de Brooklyn, se encontró con el artículo de Courant, Livingston y Snyder. Pensó que su idea había sido utilizada sin reconocimiento, por lo que se apresuró a ir a Brookhaven. Tras una animada discusión con los implicados, quedó claro que Christofilos merecía el crédito por la formulación más temprana del principio de focalización fuerte, pero también que el descubrimiento de Brookhaven había sido completamente independiente. Christofilos fue invitado a unirse a Brookhaven, donde se incorporó al equipo que iniciaba el diseño de un sincrotrón de gradiente alterno de 28 gigaelectronvoltios (GeV) y se llegó a un acuerdo para el uso de su patente en los aceleradores que se estaban construyendo en ese momento. En este caso, ambas partes quedaron conformes y fueron reconocidas por su hallazgo.

La ciencia, al igual que otros ámbitos, tiene un componente de competitividad. Ser el primero en llegar a un descubrimiento, en publicar un hallazgo o en desarrollar una nueva tecnología ha sido, históricamente, un gran motor del progreso. Lo vimos en la carrera espacial con la llegada del ser humano a la Luna y lo seguimos viendo hoy en día. Sin embargo, esta competencia debe ser un impulso positivo, un desafío que motive a los científicos y científicas a superarse sin perder de vista el objetivo principal: expandir nuestro conocimiento y mejorar la vida de todo el mundo. La ciencia avanza cuando los descubrimientos inspiran a otros a seguir explorando y se fomenta la colaboración. Como dice la frase atribuida al célebre Isaac Newton: "Si he visto más lejos es porque estoy sentado sobre los hombros de gigantes".

Volviendo al tema del principio de focalización, ¿en qué consiste exactamente? Como ya hemos mencionado, queremos confinar millones de partículas lo más juntas posible, todas ellas con la misma carga eléctrica, pero ¿qué ocurre cuándo juntamos dos cargas con el mismo signo? El efecto que experimentan es similar al de repulsión si intentamos unir dos imanes por el mismo polo. Con el fin de contrarrestar esta fuerza de repulsión y mantener nuestro haz de partículas agrupado, se utiliza el concepto de focalización alterna con cuadrupolos. El campo magnético en la apertura de estos dispositivos varía según la posición transversal, siendo nulo en el centro. Como resultado, las partículas con una trayectoria de mayor amplitud experimentan una fuerza más intensa que aquellas con menor amplitud, lo que provoca un efecto de agrupamiento. Sin embargo, en el plano perpendicular, el efecto es contrario, causando que el haz se desagrupe. Para solucionar esto, se emplea una secuencia de dos cuadrupolos con un efecto resultante de agrupamiento en ambos planos.

Este método hizo posible el transporte de haces más pequeños y marcó una nueva revolución en el campo de los aceleradores, ya que permitió reducir el tamaño tanto de los tubos de vacío como de los imanes, y así disminuir los costes. Sin embargo, no todo son ventajas: la fuerza que ejerce el campo magnético generado por los cuadrupolos depende de la energía de las partículas y nuestro haz de partículas no es monocromático, aunque así nos gustaría que fuera; esto significa que no todas las partículas tienen la misma energía. La combinación de ambos factores da lugar a un efecto que es conocido como cromaticidad, que hace que nuestro haz de partículas se abra transversalmente al atravesar un cuadrupolo. Cuanto más intenso es el campo magnético del cuadrupolo o mayor es la dispersión energética de nuestro haz, mayor será el efecto. En la mayoría de aceleradores pequeños y medianos este fenómeno no compromete significativamente la calidad del haz, pero no es el caso para aceleradores grandes y en particular en aquellos con haces muy pequeños y energéticos. En estos casos, para compensar este efecto, se utilizan sextupolos, imanes con seis polos, en los que, en la región libre, por donde pasa el haz, el campo magnético depende de la posición de las partículas de forma no lineal.

Además de la cromaticidad, la estabilidad y la calidad del haz de partículas pueden verse afectadas por errores en el alineamiento mecánico y en los campos magnéticos generados. Para corregir estas desviaciones en la trayectoria del haz, a veces se instalan otros elementos magnéticos no lineales, como octupolos o dodecapolos, que ayudan a compensar estos efectos y mantener el control del haz. Sin embargo, aunque estos elementos son necesarios en ciertos casos, presentan desafíos adicionales en la operación del acelerador, pues su naturaleza no lineal hace que la dinámica de las partículas sea más caótica y más sensible a pequeñas perturbaciones.

Otros elementos esenciales

Hasta aquí hemos descrito los elementos principales de un acelerador de partículas; sin embargo, estos componentes forman parte de un sistema mucho más complejo que incluye otros subsistemas esenciales para su funcionamiento. Un ejemplo clave son los sistemas de diagnóstico, que comprenden diferentes tipos de detectores (cámaras) ubicados a lo largo del acelerador para monitorizar la calidad del haz de partículas en su transporte. De este modo, podemos hacer un seguimiento en tiempo real de la posición, el tamaño y la forma del haz, lo que nos permite corregir cualquier desviación si es necesario. Los detectores pueden ser invasivos o no invasivos. Los invasivos interactúan directamente con el haz, lo que impide su uso posterior, por lo que suelen emplearse solo durante la calibración de la máquina. En cambio, los no invasivos afectan mínimamente al haz, permitiendo su uso de forma continua. Detrás del funcionamiento de estos detectores hay mucho electromagnetismo y física de interacción radiación-materia, así como electrónica y procesado de señales. El I+D en este campo está en continuo desarrollo para atender las necesidades cada vez más exigentes de los nuevos aceleradores. Estos implican el control de haces extremadamente cortos, en el rango del femtosegundo (10^{-15} segundos), y extremadamente pequeños, del orden de pocos nanómetros.

Además, existen muchos otros subsistemas imprescindibles, cuyo diseño depende del tipo de acelerador y de la energía para la que haya sido concebido. Un ejemplo clave son los sistemas de refrigeración, que aseguran que todos los componentes se mantengan a la temperatura adecuada. La complejidad de estos sistemas varía considerablemente según la tecnología empleada, especialmente si se trata de aceleradores que usan tecnologías superconductoras. Como ejemplo paradigmático y extremo está el caso del LHC, donde los imanes funcionan de manera superconductora gracias al sistema criogénico más grande del mundo, de helio líquido, instalado a lo largo de los 27 km del túnel, y que los mantiene funcionando a unos -271 °C. También son esenciales los sistemas de control, compuestos por componentes electrónicos, cables y ordenadores, encargados de coordinar todos los subsistemas del acelerador para que estén listos para recibir y manejar cada paquete de partículas en su recorrido, así como un director de orquesta dirige a sus músicos.

Otro de los sistemas cruciales en aceleradores de medias-altas energías son los sistemas de protección y colimación. Por muy bien que lo queramos hacer, siempre pueden ocurrir accidentes y esto puede ocasionar que nuestras partículas escapen del acelerador, ellas mismas o el producto de su interacción con el tubo de vacío. Es por eso que los aceleradores de partículas deben instalarse dentro de un búnker, generalmente de hormigón, o bajo tierra, como es el caso del LHC en el CERN. Los búnkeres proporcionan una barrera de protección para evitar cualquier riesgo de exposición a los trabajadores o las personas que se encuentren cerca de las instalaciones. Aquí podemos identificar dos posibles orígenes de esta radiación. Por una parte, puede haber un fallo puntual en alguno de los dispositivos del acelerador. En estos casos, el sistema de protección de la máquina entra en acción de inmediato apagándola y desvía el haz hacia una zona segura, donde se absorbe su energía de forma controlada. Además, este sistema de protección puede incluir sistemas de colimación para proteger la propia tecnología del acelerador de un impacto directo del haz. Estos sistemas son bloques de material cuidadosamente diseñados e instalados en sitios estratégicos a lo largo de la máquina para absorber el haz en caso de fallos. Por otro lado, a pesar del gran esfuerzo de los físicos e ingenieros de aceleradores por controlar con la máxima precisión posible el haz de partículas dentro de los tubos de vacío, hay fenómenos que no se pueden evitar. Estos provocan que algunas partículas se desvíen más de lo esperado y terminan colisionando en algún punto del acelerador produciendo radiación. Para manejar estas pérdidas, se utilizan los colimadores mencionados anteriormente.

Y con esto concluimos este capítulo en el que hemos desvelado lo que hace que los aceleradores de partículas sean tan interesantes: su capacidad para concentrar energía en espacios diminutos de manera controlada. También hemos recorrido las tecnologías principales que dan vida a estas herramientas, que se han convertido en auténticas ventanas hacia lo desconocido y que resultan tan útiles para la ciencia como para la industria, la medicina y el medioambiente, como veremos a continuación.

CAPÍTULO 3

¿Para qué se utilizan los aceleradores de partículas en ciencia?

A lo largo de la historia, los aceleradores de partículas han sido fundamentales para el progreso científico, contribuyendo a descubrimientos clave que han sido reconocidos con premios nobel en Física, Química y Medicina. En este capítulo exploramos algunas de sus aplicaciones científicas más destacadas, que abarcan desde el estudio de la estructura fundamental de la materia y el origen del universo hasta investigaciones en biología, esenciales para el desarrollo de nuevos fármacos, y el desarrollo de materiales innovadores para tecnologías avanzadas de aplicación en distintas áreas del conocimiento.

Instrumentos para describir la naturaleza

No hay mejor manera de comenzar este capítulo que recordando a los físicos del siglo XX, cuya curiosidad por desentrañar los misterios de la naturaleza impulsó la carrera de los aceleradores de partículas. Más concretamente, fueron Ernest Rutherford y sus colaboradores, junto a otros pioneros de su tiempo, quienes dieron origen a una nueva rama de la física, la física nuclear. Esta busca entender las propiedades de los núcleos atómicos y cómo se comportan, y lo hace tanto mediante el desarrollo de modelos teóricos como de experimentos. En sus inicios, los experimentos se realizaban con fuentes radiactivas naturales, es decir, utilizando elementos radiactivos que de forma espontánea emiten partículas subatómicas. Gracias a este tipo de experimentos, los científicos descubrieron que los átomos tienen un núcleo en su interior e identificaron algunas de sus partes, como el neutrón. Sin embargo, estos experimentos solían ser largos y complejos debido a la baja intensidad de las fuentes. ¡Y menos mal! En aquella época, los efectos de la radiación en tejidos vivos y sus consecuencias eran aún desconocidos. Con estas fuentes, el tipo de partícula viene dado por el tipo de elemento radiactivo, así como su energía. Además, aunque están presentes en la naturaleza, estos elementos no son fáciles de encontrar.

La necesidad de experimentar con fuentes más intensas y versátiles fue la semilla que los físicos nucleares de la época sembraron, y que con el tiempo germinó en las mentes de físicos e ingenieros de distintas partes del mundo impulsando nuevas ideas. Sus esfuerzos tenían como objetivo desarrollar una herramienta capaz de generar proyectiles con los que quien experimentara pudiera controlar el tipo de partícula, su cantidad y su energía. Pasaron 20 años hasta que, en 1929, los ingleses Cockcroft, recién doctorado bajo la supervisión de Rutherford, y Walton fueron capaces de desarrollar una tecnología con dichas prestaciones. Estos científicos utilizaron su invento para producir protones y, con estos, lo primero que hicieron fue romper átomos de litio, adelantándose por unos días y ganándole la batalla al norteamericano Lawrence y su ciclotrón. El litio es un metal blando de color plateado, conocido por su uso en baterías de dispositivos como teléfonos móviles y ordenadores. Con este experimento produjeron la primera transmutación nuclear, es decir, consiguieron romper de forma controlada los núcleos de un elemento, obteniendo como resultado átomos de otro elemento y alcanzando así uno de los grandes sueños de los alquimistas de la Edad Media. A partir de protones y átomos de litio lograron crear helio y, por este logro, recibieron el Premio Nobel de Física en 1951.

A esta tecnología inicial y a este experimento le siguieron muchos otros con proyectiles compuestos por partículas subatómicas de distinta naturaleza y de cada vez más altas energías. Estos proyectiles se emplearon para romper una amplia variedad de blancos compuestos por diferentes materiales con los que, a través del análisis de los productos resultantes, los científicos buscaban responder preguntas fundamentales sobre la estructura interna de la materia. En poco tiempo, los aceleradores de partículas se volvieron una herramienta indispensable para la física nuclear, tan esenciales como lo es una cámara fotográfica para un fotógrafo.

Este tipo de experimentos llevó a los físicos de la década de los cincuenta al descubrimiento de una gran variedad de partículas subatómicas: quarks, muones y neutrinos, entre otras, revelando un mundo subatómico mucho más complejo de lo que se había imaginado hasta entonces. Como resultado de estos descubrimientos, esta rama del conocimiento evolucionó y pasó a llamarse física nuclear y de partículas, abarcando también el estudio de las propiedades de todas estas nuevas partículas descubiertas.

Hasta inicios del siglo XXI, la física nuclear y de partículas ha sido la fuerza motriz detrás de la innovación en la tecnología de aceleradores, cuyo propósito ha sido superar continuamente los límites de intensidad y energía de los proyectiles. Por un lado, para mejorar la eficiencia de los experimentos; por otro, como nos enseñó Einstein, para dar vida a nuevas partículas. Cuanta más energía concentramos en el punto de interacción entre el proyectil y el blanco, más masivas pueden ser las partículas que emergen de ese instante efímero de creación.

Como hemos descrito en el primer capítulo, distintas soluciones tecnológicas fueron desarrollándose con estos propósitos, siendo particularmente revolucionario para el campo de la física nuclear y de partículas el concepto de colisionador. Los experimentos pioneros de este campo fueron, sin excepción, de blanco fijo, en los que haces de partículas se hacen colisionar contra un objetivo estacionario. En estos primeros experimentos destaca el uso de láminas de oro por parte de Rutherford, lo que llevó a descubrir el modelo que lleva su nombre. Sin embargo, pronto se observó que había una manera mucho más ventajosa de concentrar más energía en el punto de interacción, que consiste en que tanto el blanco como el proyectil estén en movimiento. La idea de un colisionador surgió en la década de los cincuenta, y consiste en un acelerador con dos haces de partículas que se aceleran en sentidos opuestos y siguen su trayectoria hasta que se encuentran uno frente a otro en un punto de la máquina. En ese lugar, donde los haces de partículas chocan, se instalan detectores de partículas. Estos detectores, hechos en tecnologías muy variadas y sofisticadas, se podría decir conceptualmente que son similares a cámaras fotográficas de alta precisión, que registran información sobre las partículas subatómicas generadas en las colisiones. Los físicos de partículas analizan estos datos y los comparan con sus modelos y teorías para desentrañar la composición fundamental del universo y comprender mejor las leyes que rigen la materia y la energía.

A partir de la década de los sesenta se construyeron los primeros colisionadores de partículas en EE UU, el SLC y el Tevatrón, que representaron una verdadera revolución tecnológica para el avance en la exploración de los misterios más íntimos de la materia. Estos progresos dieron paso a un periodo dorado para la física moderna de partículas que culminó con la propuesta de la formulación de la teoría del modelo estándar en la década de los setenta, que había que comprobar experimentalmente. Este modelo describe las propiedades y el comportamiento de todas las partículas subatómicas descubiertas hasta la fecha, en su gran mayoría en aceleradores de partículas —entendiendo, claro, que esa fecha es la del momento de impresión de este libro; después de todo, los experimentos siguen en marcha y existe la posibilidad de nuevos hallazgos—. Así pues, esta creciente actividad de descubrimientos y cálculos cada vez más complejos y precisos dio lugar a una intensa carrera por desarrollar aceleradores de partículas cada vez más sofisticados, marcando el origen de una nueva disciplina, entre la física y la ingeniería: la física y tecnología de aceleradores de partículas.

Dotados de una sensibilidad extraordinaria para medir las propiedades de las partículas subatómicas con una precisión sin precedentes y explorar regiones de energía aún desconocidas, estos experimentos siguen buscando responder preguntas fundamentales como la asimetría entre materia y antimateria o el enigma de la materia oscura y la energía oscura, arrojando luz sobre los misterios más profundos del universo. Tal es la sensibilidad de estas máquinas que, en el año 2000, los científicos que trabajaban en el colisionador LEP en el CERN descubrieron con sorpresa que sus experimentos con haces de electrones y positrones se veían afectados por la posición de la Luna. Notaron que la energía del haz de partículas variaba ligeramente a lo largo del día y, además, se dieron cuenta de que estas variaciones no eran aleatorias, sino que seguían un patrón regular como se muestra en el gráfico 3. Tras eliminar varias hipótesis, como cambios en la temperatura o en el suministro de energía eléctrica, descubrieron que las fluctuaciones coincidían con el ciclo de las mareas terrestres provocadas por la atracción gravitacional de la Luna y el Sol. La Luna, que ejerce una fuerza gravitacional sobre la Tierra, provoca deformaciones de unos pocos milímetros en la corteza terrestre que alteran la trayectoria circular de las partículas dentro del acelerador y esto afecta a la cantidad de energía que pierden por emisión de radiación sincrotrón en cada vuelta completa. Esta experiencia destacó la increíble sensibilidad de los colisionadores modernos, capaces de detectar efectos tan sutiles que, en circunstancias normales, pasarían desapercibidos. Y así, sin necesidad de ver la Luna, el Sol ni las mareas, otra prueba más se suma para confirmar su presencia y la grandeza de las teorías de Newton de 1687 que permitieron entender el efecto observado y corregirlo.

Variación de la energía del LEP
según la posición de la Luna.

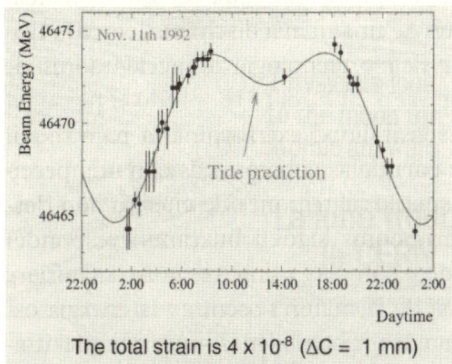

The total strain is 4 x 10⁻⁸ (ΔC = 1 mm)

FUENTE: ADAPTADA DE ARNAUDON ET AL. (1995: 249-252).

En 2012 concluyó la búsqueda de la última partícula predicha por la teoría del modelo estándar: el bosón de Higgs. Este descubrimiento representa uno de los logros más importantes en esta rama de la física en los últimos 30 años, no solo por su aporte al saber más esencial sobre la naturaleza, sino por la complejidad de la tecnología que se tuvo que desarrollar para su descubrimiento en una colaboración internacional: el Gran Colisionador de Hadrones, el LHC.

Merece la pena describir este gran hito tecnológico con un poco más de detalle. La construcción del LHC se inició en 1989 utilizando el ya existente túnel del colisionador de electrones y positrones LEP. El LHC es un colisionador de protones de hasta 7 TeV, lo que implica una densidad de energía altísima, como ya hemos visto. En este proyecto colaboraron más de 10 000 científicos y cientos de universidades y laboratorios de más de 100 países de todo el mundo. Es el acelerador más grande y más potente del mundo y se encuentra en un túnel de 27 kilómetros de circunferencia a una profundidad máxima de 175 metros bajo tierra, debajo de la frontera entre Francia y Suiza. A nivel tecnológico, es el acelerador más complejo que existe y parte de esta complejidad viene dada por el uso de tecnología superconductora que opera a una temperatura de unos 2 grados Kelvin, equivalente a -271 °C. Se podría decir que es el frigorífico más grande del mundo pues alcanza temperaturas astronómicas muy por debajo de la temperatura mínima registrada en la Antártida, de unos -90 °C.

Desde que se puso en marcha y se produjeron las primeras colisiones de protones en 2008, el LHC y todo el personal que hace que funcione han llevado al límite esta tecnología, rompiendo récords de energía y rendimiento. El rendimiento de un colisionador se suele evaluar con el concepto de luminosidad. Este parámetro es uno de los principales tras el diseño de un colisionador de partículas y gran parte de los esfuerzos a nivel tecnológico y de operación se centran en maximizar su valor. Este representa la probabilidad de que dos partículas, una de cada haz, interaccionen en los puntos de colisión. Cuanto mayor es el valor de este parámetro, más colisiones se producen por encuentro; de esta forma aumentamos la estadística de los experimentos y por tanto su potencial para nuevos descubrimientos.

El LHC cuenta con cuatro puntos de interacción, es decir, tiene cuatro detectores gigantes que se encargan de capturar lo que ocurre tras cada colisión. Estos detectores recogen tal cantidad de datos al año que si los almacenamos en portátiles de 256 GB podríamos hacer una torre de unos 1000 metros de altura, superando así la altura del edificio más alto del mundo o, quizás más apropiado para los días que corren, estos datos corresponden a reproducir vídeos de TikTok sin parar durante más de 10 000 años. Estos datos se almacenan y distribuyen entre muchos centros de investigación alrededor del mundo para ser analizados. Este acelerador de partículas está previsto que siga en marcha por unas décadas más. ¿Y después? Aún quedan muchas preguntas sin respuesta sobre el universo y sus leyes más fundamentales; por eso, la comunidad de física de partículas ya está esbozando su futuro con el diseño del próximo superacelerador. Sobre la mesa compiten diversas tecnologías y conceptos revolucionarios, cada uno con el potencial de llevarnos a nuevas fronteras del saber. ¿Será un colisionador circular aún más potente que el LHC? ¿Un acelerador lineal de última generación? ¿O quizás una tecnología completamente nueva?

Microscopía de ultraprecisión

¿Alguna vez se ha detenido el lector o lectora a pensar por qué vemos el mundo como lo vemos? Como en los experimentos de física nuclear y de partículas, en este fenómeno están involucrados chorros de partículas subatómicas, en este caso fotones, y como detectores, nuestros ojos. El Sol, las bombillas… emiten chorros de fotones que rebotan en los objetos y nos llegan a los ojos. Estos fotones son detectados por las millones de células sensibles a la luz que tenemos en la retina, las cuales producen una señal que depende de la energía y de la dirección con la que inciden estos. Esta señal llega al cerebro, que interpreta la información para dar forma y color a todo lo que hay en nuestro campo de visión.

A las cosas que podemos ver las llamamos macroscópicas, sin embargo, hay cosas más pequeñas más allá de lo que puede detectar el ojo humano. Existe todo un mundo microscópico que escapa a nuestra visión. Una combinación de limitaciones biológicas y las propiedades físicas de la luz determina cuán pequeño es lo que podemos observar a simple vista, que tiene un tamaño aproximado de 0,1 mm. Así pues, para observar el mundo microscópico necesitamos herramientas como las lupas o los microscopios que nos permiten ampliar los objetos para que podamos verlos. Los microscopios ópticos, basados en rayos de luz visible, nos permiten superar las limitaciones de nuestro ojo y resolver detalles de hasta aproximadamente 200 nm. Esto es suficiente para ver grandes estructuras celulares, como núcleos, mitocondrias o bacterias grandes, pero no lo es para cosas más pequeñas, como por ejemplo un virus, moléculas individuales o estructuras atómicas.

Para ir más allá vamos a necesitar fotones de mayor energía. Como hemos introducido en el capítulo anterior, cuanta más energía tiene el fotón, menor es su longitud de onda asociada y esto nos permite resolver cosas más pequeñas. Podemos tratar de entender esto pensando en una regla en la cual la unidad mínima de medida está determinada por la distancia entre sus marcas más cercanas. Si una regla tiene divisiones de 1 mm, cualquier objeto más pequeño será difícil de medir con precisión. Para medir con mayor detalle, necesitaríamos una regla con divisiones más finas. La longitud de onda de la luz actúa como la unidad mínima de medida en nuestra regla microscópica, por lo que, para poder ver más allá del tamaño de un virus, vamos a necesitar fotones más energéticos que los fotones de la luz visible. En la figura 13 podemos observar todos los tipos de radiación electromagnética que existen según su longitud de onda asociada y qué tipo de objetos nos permiten resolver, y aquí entran en juego los aceleradores de partículas, con los cuales podemos generar chorros de fotones de distintas energías.

Figura 13
Diagrama del espectro electromagnético, que muestra el tipo, la longitud de onda y ejemplos de objetos.

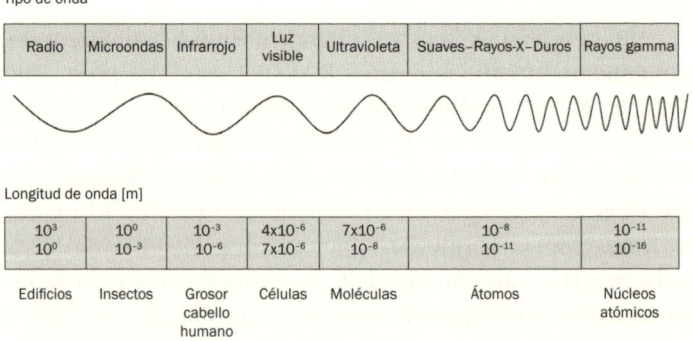

Existen diferentes tecnologías para producir haces de fotones muy energéticos, pero una de las más empleadas se basa en el uso de radiación sincrotrón. Esta fue descubierta en 1946 por el físico estadounidense Frank Elder y su equipo en el Laboratorio Nacional de Radiación Lawrence en Berkeley y debe su nombre al tipo de acelerador en que se descubrió, un sincrotrón. Durante estos experimentos, observaron que los electrones, al ser desviados en trayectorias curvas por campos magnéticos, emitían una intensa radiación cuya energía aumentaba con la velocidad de los electrones. De esta manera, sin buscarlo, como le ocurrió a Fleming con la penicilina y su posterior aplicación en los antibióticos, este descubrimiento terminó abriendo un abanico de posibilidades que seguramente ninguno de los presentes podría haberse imaginado.

Hoy en día, las fuentes de radiación sincrotrón abarcan un amplio rango del espectro electromagnético, con la generación de fotones que van desde el infrarrojo hasta los rayos X de alta energía y esto nos permite hacer radiografías de la materia. En este sentido, las radiografías que nos hacemos en un hospital también hacen uso de aceleradores de partículas para producir rayos X; sin embargo, el flujo de fotones que producen es del orden de 100 millones de veces menor que el que producen las instalaciones de radiación sincrotrón. Estas intensidades son suficientes para poder resolver detalles del milímetro en nuestros huesos sin recibir cantidades de radiación elevadas.

En la década de los cincuenta, Rosalind Franklin obtuvo las primeras imágenes de una molécula de ADN utilizando rayos X de alta energía, que le sirvieron para establecer el modelo de doble hélice de la molécula de ADN y de cómo está dispuesta la carga genética. Entender su estructura ha sido clave para comprender su función y ha permitido grandes avances en el campo de la biología. En 1980 solo se conocía la estructura atómica de unas 70 biomoléculas; para 2017, ese número había superado las 125 000, y tres de cada cuatro se habían determinado gracias a fuentes de radiación sincrotrón. Estas imágenes están en una base de datos al alcance de todos los científicos del mundo, para nuevas y futuras investigaciones. Hoy en día, los sincrotrones son herramientas esenciales en este campo de estudio y contribuyen, entre otras cosas, al desarrollo de nuevos fármacos. El uso de la radiación sincrotrón es uno de los mejores ejemplos que tenemos sobre el uso de una gran instalación científica basada en aceleradores de partículas con impacto mucho más allá de su aplicación original.

Hasta el año 2000, las fuentes de radiación sincrotrón se basaban solo en sincrotrones. Sin embargo, a día de hoy existen también aceleradores lineales llamados láseres de electrones libres o FEL que producen rayos X de baja y alta energía con picos de brillo mucho mayores que los sincrotrones de última generación.

Más de 40 fuentes de radiación sincrotrón están actualmente en operación y otras pocas están en construcción para estudios de biología, bioquímica, química, ciencias de la vida y desarrollo de nuevos materiales. En España (Barcelona) tenemos un sincrotrón, ALBA, que cuenta con 30 líneas experimentales. El acelerador mide 268 metros de circunferencia y produce haces de rayos X para multitud de líneas de investigación: visualización de estructura de proteínas y virus, estudio de nanoestructuras y reacciones químicas, estudios de polímeros, fibras y soluciones biológicas, morfología de muestras biológicas, estudio de propiedades magnéticas de materiales…

Además de las fuentes de radiación sincrotrón y los FEL, existen otros microscopios especiales basados en aceleradores de partículas que utilizan electrones, protones y neutrones. Aunque el modo de operación puede variar según el tipo de partícula y su energía, todos siguen el mismo principio de irradiación y detección. Es decir, irradiamos la muestra que queremos estudiar con el haz de partículas generado por el acelerador y luego detectamos las partículas que la atraviesan o se desvían al interactuar con la muestra. Las características de estas partículas nos proporcionan información sobre la estructura interna de lo que estamos irradiando. Como nos enseñó el físico francés Louis de Broglie, quien formuló el principio de dualidad onda-corpúsculo, los electrones, protones y otras partículas subatómicas también tienen una longitud de onda asociada. Esta longitud de onda, relacionada con la energía de las partículas, al igual que en el caso de los fotones, nos dice cuán pequeños son los detalles que podemos resolver.

Los microscopios electrónicos, basados en haces de electrones, se utilizan mucho en campos como la biología y la ciencia de materiales. Estos son muy compactos y se encuentran disponibles en muchos centros de investigación y universidades, y permiten visualizar cosas hasta del orden del nanómetro. La figura 14, obtenida con un microscopio electrónico, muestra células cancerígenas de tipo HeLa en las que se han internalizado nanopartículas de oro de 50 nm de diámetro correspondientes a los puntos negros que se observan dispersos en el interior de las células.

FIGURA **14**
Imagen de muestra de células cancerígenas
con un microscopio electrónico.

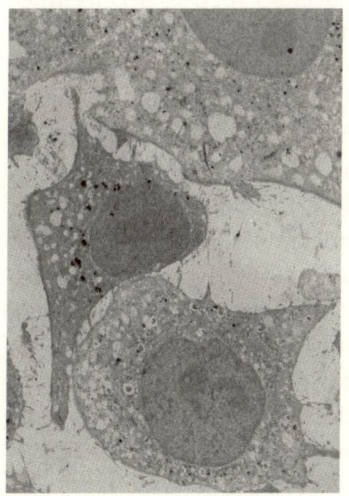

También se utilizan haces de neutrones para obtener imágenes a nivel atómico de alta precisión. Al igual que los fotones, los neutrones son partículas subatómicas sin carga eléctrica, por lo que se generan a partir de otro haz de partículas, generalmente protones. La aplicación de los neutrones se debe principalmente a su sensibilidad para interaccionar con los núcleos atómicos, lo que les permite penetrar profundamente en materiales densos sin causar daños ni alterar las superficies. La dispersión de neutrones que se produce cuando estos interactúan con los núcleos atómicos es conocida también como difracción y permite obtener información sobre la distancia entre los átomos y las estructuras internas del material. Esta información nos permite identificar si un objeto presenta defectos o deformaciones tras ciertos procesos. Si es el caso, es posible que no sea adecuado para las aplicaciones deseadas y será necesario continuar investigando. Esta técnica resulta muy útil tanto en investigaciones científicas de materiales avanzados, biología estructural y física de la materia condensada como en procesos industriales de control de calidad, como veremos en el quinto capítulo.

Simuladores de ambientes con radiaciones

Hemos mencionado en este capítulo la radiactividad, un fenómeno que nos proporciona fuentes naturales de radiación, pero no es la única fuente natural de la que disponemos: los rayos cósmicos son otro ejemplo. Estos están compuestos por partículas subatómicas que se generan y aceleran en el espacio y que acaban llegando a la Tierra. A medida que los rayos cósmicos penetran en la atmósfera, colisionan fundamentalmente con los átomos de nitrógeno y oxígeno, que suponen el 99% de su composición, y van perdiendo energía. Estas colisiones van dando lugar a diversas reacciones y se van creando cascadas de partículas que logran llegar a la superficie terrestre, que afortunadamente son muy pocas. La generación de estas partículas ocurre por diversos fenómenos galácticos, como pueden ser la explosión de estrellas o las erupciones solares. Su investigación permite estudiar fenómenos astrofísicos extremos y las condiciones del universo en regiones muy lejanas a la Tierra.

Tanto en los primeros niveles de la atmósfera como en el espacio exterior, esta radiación puede dañar o alterar los componentes electrónicos y los materiales de los satélites, naves espaciales y otros sistemas tecnológicos en órbita. Para abordar este desafío, tanto la Administración Nacional de Aeronáutica y del Espacio (NASA) como la Agencia Espacial Europea (ESA) utilizan instalaciones con aceleradores de partículas para simular el entorno espacial al que se enfrentarán en sus misiones. Esto les permite evaluar la resistencia de sus tecnologías a la radiación y anticipar posibles fallos en órbita, tanto en la electrónica de los sistemas de lectura como en los de comunicación, siendo estas pruebas cruciales para garantizar el éxito y la longevidad de sus expediciones espaciales. Es muy probable que casi todo el mundo haya visto el lanzamiento de un cohete en alguna película o incluso en alguna retransmisión en directo de la NASA. Esos minutos de silencio, esas expresiones tensas y ansiosas mientras todos esperan que el cohete supere el lanzamiento y alcance la órbita. Estas misiones son de altísimo coste y prácticamente imposibles de reparar si algo falla, por lo que es crucial minimizar al máximo cualquier riesgo.

Otra de las grandes líneas de investigación de la física actual que requiere del uso de aceleradores de partículas y para la cual se están construyendo aceleradores con prestaciones muy exigentes concierne la producción de energía por fusión nuclear. La fusión nuclear es la fuente de energía del Sol y de las estrellas, donde los núcleos de hidrógeno se fusionan para formar helio, liberando en este proceso cantidades enormes de energía que, en el caso del Sol, llegan a la Tierra en forma de luz y calor. Actualmente las centrales nucleares se basan en reacciones de fisión, que, al contrario que la energía de fusión, esta energía se produce al romper núcleos atómicos. El potencial de la energía de fusión reside en que se libera mucha más energía, hasta un factor 4 veces mayor que en los procesos de fisión. Además, los combustibles propuestos, compuestos por una mezcla de deuterio y tritio, son abundantes en la naturaleza y de fácil disponibilidad. Esta fuente de energía se distingue por no generar residuos radiactivos ni emitir dióxido de carbono u otros gases de efecto invernadero, lo que la convierte en una opción casi ilimitada, limpia y segura.

En el Sol, la enorme fuerza gravitatoria que este ejerce sobre los elementos en su superficie genera que la fusión ocurra de manera natural. Sin embargo, en la Tierra, donde no disponemos de esa fuerza, necesitamos temperaturas mucho más altas para desencadenarla. Para lograr que el deuterio y el tritio se fusionen, es necesario alcanzar temperaturas superiores a los 100 millones de grados Celsius y aplicar una presión muy intensa durante un tiempo suficiente para sostener la reacción de fusión y que la energía generada por esta sea mayor que la energía empleada en su proceso. Los desafíos tecnológicos que presenta esta tecnología están siendo objeto de intensas investigaciones en bastantes países en todo el mundo. Entre los principales retos que enfrenta esta tecnología destaca el desarrollo de materiales capaces de resistir las altísimas temperaturas y los elevadísimos niveles de radiación que se originan en el proceso. Es aquí donde los aceleradores de partículas se convierten en una herramienta clave para estudiar materiales capaces de resistir las condiciones extremas de los futuros reactores de fusión.

Los aceleradores de partículas se utilizan para recrear entornos de irradiación con neutrones similares a los que existirán en estos reactores. El propósito de estas instalaciones es analizar el comportamiento y la durabilidad de los materiales a largo plazo, garantizando así la seguridad y eficiencia de la fusión nuclear. Esta tecnología ofrece una oportunidad única para enfrentar los desafíos energéticos de la sociedad, donde los aceleradores de partículas juegan un papel clave, tanto en la superación de las limitaciones tecnológicas actuales como en su futura implementación.

Por último, vamos a hablar de la radiobiología, otra de las ramas científicas que requiere de aceleradores de partículas para su progreso. Hoy en día, es un campo crucial en la investigación médica, la protección radiológica y en el diagnóstico y tratamiento de enfermedades como el cáncer, así como en la evaluación de riesgos relacionados con la exposición a la radiación en diversas industrias. Esta rama científica que integra conocimientos en física, biología y medicina estudia los efectos de las radiaciones ionizantes, es decir, con capacidad para arrancar electrones de los átomos y romper enlaces moleculares sobre los seres vivos, a nivel celular, molecular y en los tejidos.

Podemos situar el origen de la radiobiología en el descubrimiento en 1895 de los rayos X por Wilhelm Conrad Röntgen y la posterior identificación de la radiactividad por Henri Becquerel, Marie Curie y su esposo Pierre Curie, entre 1896 y 1898. Estos hallazgos despertaron un gran interés por los efectos de la radiación y sus posibles aplicaciones, en particular en medicina. Las primeras observaciones documentadas sobre los efectos de la radiación en la piel describen su impacto en forma de quemaduras. Entre 1910 y 1920 comenzaron las primeras investigaciones sistemáticas sobre los efectos de la radiación ionizante en tejidos vivos revelando cómo esta podría dañar o incluso destruir células. En la década de 1930 se comenzaron a utilizar elementos radiactivos como el polonio y el radio en tratamientos contra el cáncer; sin embargo, no fue hasta las décadas de 1940 y 1950 que la disciplina se formalizó como un campo científico independiente, con el auge de la energía nuclear y la necesidad de entender mejor los efectos de la radiación en los organismos vivos.

El desarrollo de tecnologías como los aceleradores de partículas ha facilitado estudios más controlados sobre los efectos de distintos tipos de radiación en diversos tejidos, lo que ha permitido un uso más seguro y personalizado de la radiación en la sociedad, tanto en la industria como en la medicina. Destacar que la radiobiología ha permitido abrir nuevos horizontes en la forma en que se cura el cáncer, incluyendo el uso de distintos tipos de radiación, como veremos en el siguiente capítulo. Aunque el principal uso de la radiación en tratamientos se aplica al cáncer, el aumento de la accesibilidad a centros con aceleradores de partículas para experimentos de radiobiología está impulsando la exploración de nuevas posibilidades, con aplicaciones a otras enfermedades, como, por ejemplo, el alzhéimer.

Si bien España no está a la cabeza a nivel europeo en cuanto a instalaciones con aceleradores de partículas para investigación, en los últimos años hemos notado una creciente actividad en el sector, posiblemente motivada por las oportunidades que ofrecen estas herramientas. Actualmente contamos con tres instalaciones grandes que se utilizan, entre otras muchas cosas, para radiobiología. Una de ellas es ALBA, que nos permite hacer estudios con haces de fotones, el Centro de Microanálisis de Materiales (CMAM), una instalación de investigación en Madrid, y el Centro Nacional de Aceleradores (CNA), en Sevilla. Ambas instalaciones proporcionan haces de protones y otros iones para multitud de investigaciones.

Descubrimientos con aceleradores de partículas

Para cerrar este capítulo queremos enumerar algunos de los premios nobel relacionados con la tecnología de aceleradores de partículas; en particular, aquellos que están directamente relacionados con esta tecnología:

- Ernest O. Lawrence (1939), inventor del ciclotrón en Berkeley, en 1929, "por la creación y el desarrollo del ciclotrón, y por los resultados obtenidos con este, especialmente, en relación con la producción de elementos radiactivos artificiales en un acelerador compacto circular". Este fue el punto de partida para futuros aceleradores como sincrotrones y colisionadores.
- John D. Cockroft y Ernest T. S. Walton (1951), "por su trabajo pionero en la transmutación de núcleos atómicos mediante partículas atómicas aceleradas artificialmente". Inventaron el primer acelerador electrostático en el laboratorio de Cavendish, en Cambridge, y realizaron la primera transmutación nuclear de forma controlada. También supuso la primera verificación experimental directa de la famosa ecuación de Einstein: $E = mc^2$.

- Kai M. Siegbahn (1981), "por su contribución al desarrollo de la espectroscopía electrónica de alta resolución". Sus trabajos incluyen el desarrollo del principio de focalización débil que fue crucial para el funcionamiento de los betatrones.
- Simon van der Meer y Carlo Rubbia (1984), "por su decisiva contribución al gran proyecto que condujo al descubrimiento de las partículas W y Z, portadoras de la interacción débil" en el acelerador SPS del CERN. Su aportación tecnológica fundamental fue la técnica de enfriamiento estocástico, esencial para reducir la dispersión (en energía y posición) de los haces de partículas en un sincrotrón.
- Ernst Ruska (1986), "por su trabajo fundamental en óptica electrónica y por el diseño del primer microscopio electrónico".
- Wolfgang Paul (1989), "por el desarrollo de la técnica de trampa de iones". La idea de Paul, a principios de la década de 1950, de construir trampas de iones surgió de la física de aceleradores. Paul desarrolló un método para utilizar corrientes eléctricas y campos electromagnéticos para capturar átomos cargados —iones— en una trampa que se utiliza hoy en día entre otras cosas en instrumentación de aceleradores.

De los descubrimientos más destacados en física fundamental, que simplemente no habrían sido posibles sin la ayuda de los aceleradores de partículas, hay un listado extenso y queremos destacar los siguientes:

- Felix Bloch (1952), "por el desarrollo de nuevos métodos para la medición de campos magnéticos nucleares". Se llevó a cabo en un ciclotrón en Berkeley.
- Emilio Segrè y Owen Chamberlain (1959), "por el descubrimiento del antiprotón". Los experimentos se llevaron a cabo en el Bevatron en el Laboratorio Nacional de Radiación Lawrence en Berkeley (LBNL).

- Robert Hofstadter (1961), "por sus estudios pioneros sobre la dispersión de electrones en núcleos atómicos y por sus descubrimientos relacionados con la estructura de los nucleones". Estas investigaciones se realizaron en el Centro Nacional de Aceleradores SLAC, en el acelerador lineal de electrones MARK III.
- Maria Goeppert Mayer, J. Hans D. Jensen y Eugene Paul Wigner (1963), "por sus descubrimientos sobre la estructura del núcleo atómico, especialmente el modelo de capas nucleares". Estos experimentos transcurrieron en diferentes aceleradores de partículas.
- Luis W. Álvarez (1968), "por sus contribuciones decisivas a la física de partículas elementales, en particular el descubrimiento de un gran número de estados resonantes por medio de técnicas desarrolladas por él en LBNL". Este caso es importante, ya que fue el inventor del Alvarez Linac, y este es uno de sus logros más influyentes en el campo de los aceleradores de partículas. Aunque no fue el motivo por el cual recibió el premio, sí contribuyó de manera esencial al desarrollo de aceleradores lineales de mayor energía, en el rango de las decenas de MeV, y su invención todavía se sigue usando en gran número de instalaciones.
- Burton Richter y Samuel C. C. Ting (1976), "por el descubrimiento del mesón J/ψ (*quark charm*)", ambos en paralelo en los aceleradores SPEAR (Stanford Positron Electron Accelerating Ring), en el SLAC, y el sincrotrón gradiente alternante (AGS), en el Laboratorio Nacional de Brookhaven (BNL) en Long Island, Nueva York.
- James W. Cronin y Val L. Fitch (1980), "por el descubrimiento de la violación de la simetría CP en la desintegración de mesones K". Este experimento se realizó en el sincrotrón gradiente alternativo del Laboratorio Nacional de Brookhaven.
- William A. Fowler y Subrahmanyan Chandrasekhar (1983), "por sus estudios sobre los procesos importantes en la estructura y evolución de las estrellas" usando

aceleradores electrostáticos y Van de Graaff de baja energía, como el del Kellogg Radiation Laboratory del Instituto Tecnológico de California.

- Leon M. Lederman, Melvin Schwartz y Jack Steinberger (1988), "por el método del haz de neutrinos y la demostración del doblete leptónico, mediante el descubrimiento del neutrino muónico", experimento llevado a cabo en el sincrotrón gradiente alternativo del Laboratorio Nacional de Brookhaven.

- Jerome Friedman, Henry Kendall y Richard Taylor (1990), "por sus estudios de la dispersión inelástica profunda de electrones sobre protones y neutrones", de importancia esencial en física de partículas, y que fueron realizados en la década de 1970 en el linac del SLAC.

- Martin L. Perl (1994), "por el descubrimiento del leptón tau", en la década de 1970 en el acelerador SPEAR del SLAC.

- David J. Gross, Frank Wilczek y H. David Politzer (2004), "por el descubrimiento de la libertad asintótica en la teoría de la interacción fuerte", una teoría desarrollada en 1973 para explicar unos resultados previos de experimentos realizados en el SLAC y que posteriormente fueron verificados también en diferentes aceleradores como el LHC del CERN.

- Makoto Kobayashi, Toshihide Maskawa y Yoichiro Nambu (2008), "por el descubrimiento del origen de la ruptura espontánea de simetría en la física subatómica". Sus predicciones se validaron en el acelerador Tevatron (Fermilab, Chicago), el KEK (Tsukuba, Japón), el SLAC y el CERN.

- François Englert y Peter W. Higgs (2013), "por el descubrimiento teórico de un mecanismo que contribuye a nuestro entendimiento del origen de la masa de las partículas subatómicas". Esta predicción de la partícula fundamental conocida como bosón de Higgs, fue confirmada por los experimentos ATLAS y CMS en el CERN en el acelerador LHC.

También en química los aceleradores han dejado huella, haciendo posibles descubrimientos tan importantes como los siguientes:

- Max Perutz y *sir* John Kendrew (1962), "por haber determinado las primeras estructuras atómicas de proteínas utilizando cristalografía de rayos X". Su trabajo se llevó a cabo en lo que hoy es el Laboratorio de Biología Molecular del MRC en Cambridge.
- William Lipscomb (1976), "por sus estudios sobre la estructura de los boranos, utilizando rayos X". Con la información de sus estructuras y, con la ayuda de cálculos de mecánica cuántica, pudo predecir cómo reaccionarían con otras sustancias en distintas condiciones. Sus estudios han mejorado nuestra comprensión de cómo se enlazan los átomos dentro de las moléculas.
- Herbert Hauptman y Jerome Karle (1985), "por desarrollar un método para determinar la estructura de las moléculas utilizando rayos X". Su trabajo hizo posible analizar estructuras cristalinas en cuestión de horas en lugar de meses.
- Johann Deisenhofer, Robert Huber y Hartmut Michel (1988), "por la determinación de la estructura tridimensional de un centro de reacción fotosintética". Su trabajo ayudó a explicar cómo las plantas y las bacterias convierten la luz solar en energía química.
- Paul D. Boyer y John E. Walker (1997), "por elucidar el mecanismo enzimático que subyace en la síntesis de adenosina trifosfato (ATP)". Toda forma de vida requiere energía, que en plantas y animales se almacena y transporta mediante una molécula especial, el adenosín trifosfato (ATP). En 1974, Paul Boyer presentó una teoría sobre el funcionamiento de la ATP sintasa, que fue confirmada en 1994 por John Walker, quien determinó su estructura mediante cristalografía de rayos X.
- Peter Agre y Roderick MacKinnon (2003), "por descubrimientos sobre los canales de entrada y salida en

las membranas celulares". En sus estudios, fueron fundamentales las imágenes de alta resolución obtenidas mediante cristalografía de rayos X del canal iónico KcsA, proveniente de la bacteria *Streptomyces lividans*.

- Roger D. Kornberg (2006), "por sus estudios sobre la base molecular de la transcripción eucariota". Los genes de un organismo se almacenan en las moléculas de ADN y de ahí se transfieren a ARN y luego se convierten en proteínas. En las bacterias sin núcleo celular, el proceso de transferencia de información del ADN al ARN se mapeó en la década de 1960. En los organismos con células eucariotas, fue Roger Kornberg quién lo logró mapear por primera vez en levaduras. Sus contribuciones incluyeron la determinación de la estructura de la enzima clave en este proceso, la ARN polimerasa, y la creación de imágenes de cómo se construye la molécula de ARN.

- Venkatraman Ramakrishnan, Thomas A. Steitz y Ada E. Yonath (2009), "por sus estudios sobre la estructura y función del ribosoma". El trabajo de estos tres investigadores ha permitido descifrar las estructuras que muestran exactamente dónde atacan los diferentes antibióticos a los ribosomas bacterianos. El conocimiento preciso de los puntos de unión de los antibióticos al ribosoma ayuda a los científicos a desarrollar nuevos y más eficaces medicamentos.

- Robert J. Lefkowitz y Brian K. Kobilka (2012), "por sus estudios sobre los receptores acoplados a proteínas G". Nuestro cuerpo se basa en las interacciones entre miles de millones de células. Cada una tiene pequeños receptores que le permiten percibir su entorno y adaptarse a nuevas situaciones. Estos investigadores realizaron importantes descubrimientos sobre el funcionamiento interno de una importante familia de estos receptores. Además, Lefkowitz y su equipo capturaron una imagen del receptor β-adrenérgico en el momento exacto en que es activado por una hormona y envía una señal hacia la célula. Esta imagen es una obra maestra molecular, el resultado de décadas de investigación y fue realizada con ayuda de un sincrotrón.

- Jacques Dubochet, Joachim Frank y Richard Henderson (2017), "por el desarrollo de la criomicroscopía electrónica para la determinación de estructuras de alta resolución de biomoléculas en solución". La criomicrocopía electrónica (Cryo-EM) usa haces de electrones acelerados, en el rango de 100-300 keV.

Por último, destacamos tres premios nobel en Medicina cuyos estudios no hubieran sido posibles sin los aceleradores de partículas:

- Hermann Joseph Muller (1890), "por el descubrimiento de la producción de mutaciones mediante irradiación con rayos X". Muller estudió las características hereditarias de las moscas de la fruta y en 1927 descubrió que el número de mutaciones genéticas observadas aumentaba cuando eran expuestas a rayos X. Encontró que, cuanto mayor era la dosis de rayos X y otras radiaciones ionizantes a las que las moscas eran expuestas, mayor era el número de mutaciones que ocurrían.
- Francis Crick, James Watson y Maurice Wilkins (1962), "por sus descubrimientos sobre la estructura molecular de los ácidos nucleicos y su importancia para la transferencia de información en el material vivo", para los que fue fundamental la cristalografía con rayos X producidos por un sincrotrón.
- Alan Cormack y Godfrey Hounsfield (1979), "por el desarrollo de la tomografía asistida por computadora".

Mientras que algunas disciplinas científicas han impulsado los avances en la tecnología de aceleradores, a la vez, otras se han visto revolucionadas por ellos, pues les han permitido abrir nuevos horizontes de investigación. ¡Y los que quedan por descubrir!

CAPÍTULO 4

¿Qué relevancia tienen los aceleradores en medicina?

Como ya se ha comentado, el uso primigenio de los aceleradores de partículas fue meramente de naturaleza científica, con el afán de explorar la estructura de los átomos y los núcleos, y permitieron a los físicos investigar la composición de la materia a niveles más profundos que nunca.

Aunque bastantes aceleradores se utilizan en el ámbito de la investigación científica fundamental, los aceleradores comenzaron a usarse para otro tipo de aplicaciones desde fases muy tempranas, y hoy en día la mayoría se emplea para fines distintos de la ciencia *per se*. Para hacernos una idea, según la Agencia Internacional de Energía Atómica (IAEA), hay más de 30 000 aceleradores en uso en todo el mundo, y de estos, más del 97% se utilizan con fines comerciales, entre ellos, las aplicaciones médicas. El propio Ernest Lawrence, inventor del ciclotrón, vislumbró su uso para la producción de radioisótopos para uso médico en su laboratorio de radiación de la Universidad de California en 1936. En uno de sus ciclotrones consiguió producir por primera vez el tecnecio, el primer elemento en ser producido artificialmente. Con el ciclotrón también obtuvo fósforo radiactivo y otros isótopos para uso médico; asimismo, advirtió la utilidad de los haces de neutrones en el tratamiento de enfermedades cancerígenas. Gracias a estas investigaciones, en 1939 recibió el Premio Nobel de Física por sus investigaciones. Se podría decir que este es el primer hito que inicia el uso de los aceleradores de partículas en el ámbito de la medicina.

Hoy en día, su uso en este ámbito es muy amplio y está en constante crecimiento. Aunque no hay números concretos, se estima que actualmente en torno al 45-50% de los aceleradores se dedican a aplicaciones médicas, las cuales incluyen tratamientos con radioterapia, producción de radioisótopos médicos, terapia con partículas y diagnóstico por imágenes. Las técnicas terapéuticas y diagnósticas basadas en aceleradores están adquiriendo un papel crucial en la detección y tratamiento de cánceres complejos, además de contribuir significativamente al entendimiento del funcionamiento de órganos clave, como el cerebro, y de las causas subyacentes de enfermedades con un gran impacto social, como la demencia.

Una breve historia de los aceleradores y la medicina

Los rayos X fueron la primera aplicación utilizada en medicina basada en un acelerador de partículas. En 1895, Wilhelm Röntgen, profesor de Física en Wurzburgo, descubrió los rayos X por accidente mientras experimentaba con rayos catódicos y descubrió una luz verde misteriosa que podía atravesar la mayoría de las sustancias. Pronto vio que esta luz era altamente penetrante y podía atravesar una gran variedad de materiales, dejando sombras de los objetos sólidos, y como no sabía exactamente qué eran estas ondas, las llamó rayos X, usando la X para denotar algo desconocido. Röntgen descubrió rápidamente que los rayos X también atravesaban los tejidos humanos, haciendo visibles los huesos y órganos internos. Su hallazgo se difundió rápidamente y, en menos de un año, los médicos en Europa y Estados Unidos ya los usaban para localizar fracturas, balas, cálculos renales y objetos tragados. En 1901, Röntgen recibió el primer Premio Nobel de Física por su descubrimiento.

La primera radiografía médica realizada por Röntgen fue de la mano de su esposa, Anna Bertha Ludwig, en 1895. En esta imagen histórica se pueden observar claramente los huesos de la mano de Anna, así como el anillo que llevaba puesto. Este evento marcó un momento crucial en la historia de la medicina, ya que demostró por primera vez cómo los rayos X podían hacer visibles las estructuras internas del cuerpo humano sin necesidad de cirugía. Anna Bertha, al ver la radiografía de su mano, exclamó con asombro: "¡He visto mi muerte!". Su reacción reflejaba tanto la fascinación como el desconcierto ante esta innovadora tecnología, que revolucionaría la medicina moderna al permitir diagnósticos mucho más precisos y menos invasivos.

FIGURA 15
Primera imagen médica de rayos X realizada por Wilhelm Röntgen de la mano de su esposa, Anna Bertha Ludwig.

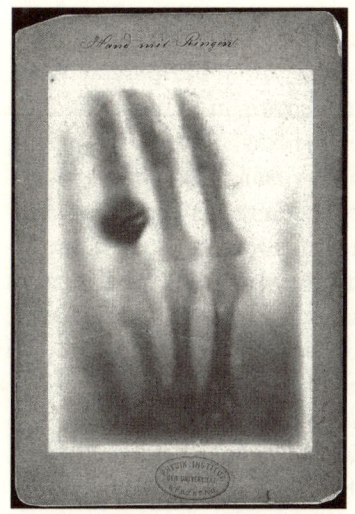

FUENTE: WIKIMEDIA COMMONS.

Apenas un año después del descubrimiento, dos médicos austriacos, Leopold Freund y Eduard Schiff, comenzaron a usar los rayos X para tratar enfermedades de la piel. Por otro lado, y casi al mismo tiempo, Herbert Jackson, un químico del King's College de Londres, inventó el tubo de rayos X, un sistema que permitía enfocarlos mejor para controlar su aplicación. El uso clínico de los rayos X se expandió rápidamente sin restricciones, pero en sus inicios se prestó poca atención a los posibles efectos secundarios de la exposición a la radiación, hasta el punto que en las décadas de 1930 y 1940 las tiendas de zapatos ofrecían radiografías gratuitas para que los clientes pudieran ver los huesos de sus pies. Estos efectos secundarios se relacionaron con el efecto ionizante que provocan los rayos X al interaccionar con la materia. En el caso de los tejidos vivos, se observó que estos se dañan de manera irrecuperable en muchos de los casos, lo que dio lugar al otro gran uso de las radiaciones ionizantes: los tratamientos de cáncer de radioterapia y de terapia con partículas.

Radioterapia

En la década de 1950, en el Hammersmith Hospital de Londres comenzó a gestarse una revolución en la medicina moderna. Liderados por el físico Derek C. H. Lawrence, un equipo visionario de científicos dio vida a una de las primeras máquinas que cambiarían para siempre el tratamiento del cáncer: un acelerador lineal de partículas, conocido como linac. El año 1953 marcó un hito histórico cuando el primer paciente fue tratado con este dispositivo pionero. Este avance representó mucho más que un logro técnico: fue un salto hacia un futuro donde la radioterapia se volvió más precisa y menos dañina para los tejidos sanos.

Con el tiempo, el uso de los rayos X en radioterapia ha avanzado mucho y en la actualidad es la técnica más común para tratar el cáncer. Los rayos X se producen acelerando un haz de electrones a velocidades muy altas (una energía cinética en el rango de los 4-20 MeV) para que choque contra un objetivo consistente en un metal pesado, como el tungsteno, generando un haz de rayos X de alta energía debido a la radiación de frenado, los cuales se dirigen con una exactitud incomparable hacia los tumores que se pretenden destruir. Esta radiación se produce por la desaceleración brusca que sufren los electrones al encontrarse con los intensos campos eléctricos de carga positiva de los núcleos atómicos del material contra el que inciden. Este enfoque superó significativamente los métodos tradicionales, como el uso de fuentes radiactivas como el cobalto-60, al minimizar el impacto en las áreas saludables del cuerpo.

El rango de energía que manejan estos aceleradores se considera muy bajo con respecto a máquinas de investigación científica, y es lo que permite que se trate de equipos relativamente compactos que se pueden instalar en salas de hospitales. Se estima que hay en operación en el mundo en torno a unas 14 000 máquinas de este tipo y por su utilidad, funcionalidad, fiabilidad y beneficio directo a la sociedad se puede considerar el acelerador de partículas más exitoso de la historia. Así, el acelerador no solo se convirtió en un símbolo del ingenio humano, sino en un pilar fundamental de la lucha contra el cáncer, un legado que sigue salvando vidas y transformando la medicina.

En la década de 1960, después de su desarrollo inicial en la década de 1950, aparecieron las primeras empresas que comenzaron a desarrollar y comercializar estas máquinas, convirtiéndose en el producto comercial de éxito que conocemos. Entre las pioneras, que lanzó sus primeros linac de uso clínico para hospitales y centros de tratamiento, se encontraba la estadounidense Varian Associates (hoy Varian Medical Systems), que lideró el desarrollo y la producción de linac para uso médico. Durante este periodo, los linac empezaron a reemplazar gradualmente a las fuentes de cobalto-60, ya que ofrecían ventajas como una mayor flexibilidad energética y menos residuos radiactivos.

A partir de 1970, los linac se convirtieron en la tecnología estándar para la radioterapia en países desarrollados. Se introdujeron mejoras en el diseño, haciéndolos más compactos, confiables y fáciles de usar en hospitales. Desde entonces,

han seguido evolucionando, integrando tecnologías avanzadas como la radioterapia guiada por imágenes (IGRT) y la
radioterapia de intensidad modulada (IMRT), lo que ha impulsado aún más su adopción en todo el mundo.

FIGURA **16**
Esquema de un linac de radioterapia.

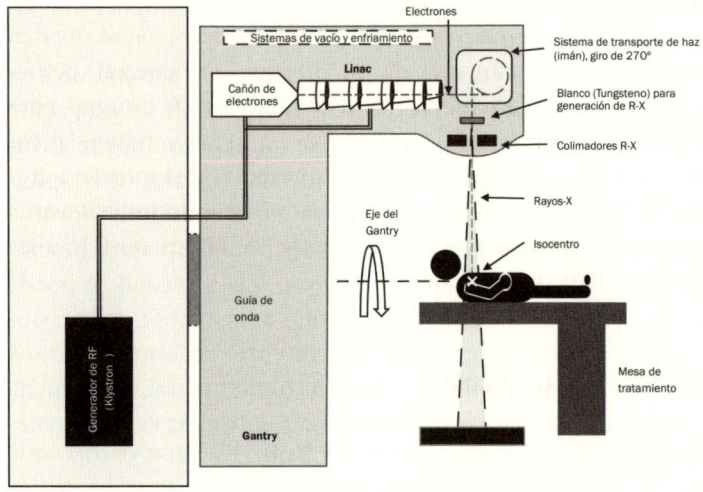

Estos aceleradores utilizan la tecnología de microondas,
que se parece a la de los radares, para acelerar los electrones,
que viajan a través de un tubo llamado guía de ondas dentro
de la máquina, donde alcanzan velocidades muy altas. Luego,
los electrones chocan contra el objetivo de tungsteno y producen rayos X de alta energía.

Estos rayos X se ajustan y moldean para tomar la forma
exacta del tumor del paciente. Esto es posible gracias a un
sistema llamado colimador multilámina, que se encuentra en
la cabeza de la máquina. Una vez que el haz está personalizado, se dirige al área específica donde está el tumor, asegurán-
dose de afectar lo menos posible los tejidos sanos alrededor.

El paciente se recuesta en una camilla especial que puede moverse en varias direcciones para garantizar que el haz

esté perfectamente alineado con el tumor. Además, se utilizan rayos láser para confirmar que el paciente está en la posición correcta.

El haz de rayos X sale de una parte de la máquina llamada *gantry*, que puede girar alrededor del paciente. Gracias a esto, el equipo puede dirigir la radiación desde diferentes ángulos, moviendo tanto la *gantry* como la camilla, para tratar el tumor con precisión desde varios puntos.

Además, los electrones del acelerador también se pueden usar para tratar cánceres de piel porque no penetran demasiado en el cuerpo. Incluso se usan después de cirugías para eliminar restos de tejido canceroso en áreas cercanas al tumor, en un procedimiento llamado radioterapia intraoperatoria (IORT). Este método es esencial porque permite atacar el cáncer de manera precisa, afectando lo menos posible a las células sanas de alrededor.

Terapia con partículas

En 1947, el físico estadounidense Robert Wilson predijo que los haces de protones podían ofrecer una distribución de dosis superior a la de los rayos X, gracias a la naturaleza diferente de la pérdida de energía a medida que los protones se frenan al atravesar la materia.

Las terapias que emplean directamente haces de partículas cargadas aceleradas están abriendo nuevas fronteras en el tratamiento de tumores especialmente complejos, y es la técnica médica que se conoce como hadronterapia (o protonterapia si nos referimos específicamente al uso de protones). Su ventaja principal radica en su precisión: permiten atacar el tumor mientras protegen los tejidos delicados que lo rodean, como la médula espinal o ciertos órganos vitales. Esto resulta crucial en casos donde los tratamientos tradicionales podrían causar daños colaterales significativos.

¿Y esto cómo se consigue? Imaginemos un haz de luz tan cuidadosamente controlado que logra atravesar un frondoso bosque para golpear únicamente un árbol enfermo, sin dañar al resto. Así funcionan las terapias que usan haces de partículas aceleradas para tratar ciertos tipos de tumores difíciles de abordar. Su gran virtud radica en la alta precisión con la que enfocan la radiación, evitando al máximo los tejidos sensibles que rodean al tumor, como la médula espinal o algunos órganos vitales.

Además, algunas partículas, como los iones de carbono, poseen una capacidad especial para liberar energía de manera más eficiente dentro del tumor y con menos daño para los tejidos sanos. Esto se conoce como una mayor efectividad radiobiológica (RBE), lo que significa que pueden destruir las células cancerosas con dosis más pequeñas y de forma más controlada. De esta manera, los tratamientos se vuelven más efectivos y seguros, especialmente cuando se trata de tumores ubicados en zonas delicadas o muy cercanas a estructuras esenciales del cuerpo.

El mecanismo físico que explica esto es el conocido como pico de Bragg, un concepto fundamental en física y muy importante en el contexto de tratamientos médicos como la terapia con protones o iones. ¿En qué consiste? Pensemos en un protón (una partícula cargada) que entra en un tejido con una energía relativamente alta, es decir, varias decenas de MeV. Al igual que pasa con otras partículas como los rayos X, no se frena al entrar en contacto con el tejido, sino que penetra en este, y a medida que avanza, interactúa con los átomos del tejido y va perdiendo energía poco a poco. Pero ocurre algo especial cuando ya ha perdido gran parte de su energía cinética y está llegando al final de su trayecto: cuando el protón está a punto de detenerse, deposita la mayor parte de su energía cinética de forma superconcentrada en un único lugar. Este lugar donde el protón deposita la mayor cantidad de energía es el pico de Bragg.

¿Por qué es tan importante? Pues justamente porque la deposición de energía se concentra en el final del trayecto de la partícula (pico de Bragg) y esta puede ser apuntada con precisión hacia un tumor, permitiendo dañar las células cancerosas sin afectar mucho al tejido sano que está delante o detrás del tumor. Es como si se pudiera disparar un rayo que se "detiene" justo donde lo necesitas. Después del pico, no queda energía significativa: el protón prácticamente desaparece.

**Distribución de dosis de protones e iones
de carbono frente a rayos X, donde se puede
observar el pico de Bragg en la posición del tumor.**

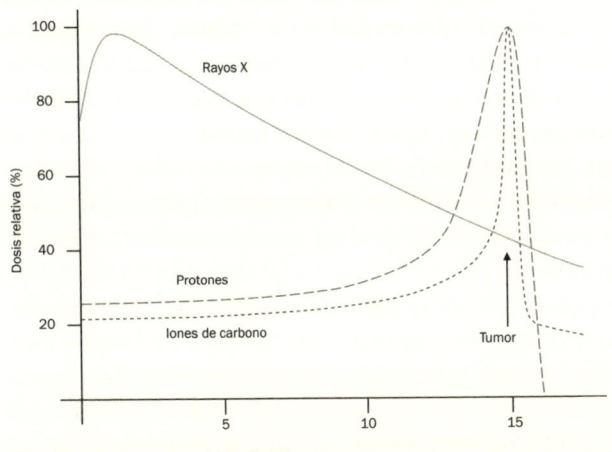

Profundidad de penetración en tejido vivo (cm)

El gráfico 4 representa el pico de Bragg para protones de 150 MeV e iones de carbono de unos 300 MeV/u. Visualmente muestra que la energía depositada por las partículas depende de la distancia recorrida en el tejido, y como se ve, la línea de deposición de energía crece lentamente y luego tiene un pico muy alto al final: el de Bragg.

El motivo por el cual este tipo de tratamiento se usa menos que la radioterapia con rayos X, pese a la aparente ventaja en cuanto a precisión y efectividad en el tratamiento, tiene que ver con la complejidad del acelerador que es necesario para generar y manipular el haz de partículas. Hay principalmente dos tipos de aceleradores que se usan en hadronterapia: ciclotrones y sincrotrones. Los ciclotrones utilizan campos magnéticos constantes y un campo eléctrico oscilante para acelerar partículas cargadas y están optimizados para generar haces de protones. En algunos casos también de partículas ligeras como deuterones, que es un isótopo del hidrógeno compuesto por un protón y un neutrón, al que se le ha quitado el electrón. Tienen como ventaja que son compactos y más económicos en comparación con los sincrotrones. Generan haces continuos, ideales para tratamientos como la radioterapia de protones. Tienen la desventaja de que están limitados en energía, pues no son ideales para acelerar iones pesados como carbono y se requieren degradadores adicionales para ajustar la energía del haz, lo que puede reducir la eficiencia. Son los más usados en instalaciones de protonterapia, habiendo instalados actualmente ya más de 100 en todo el mundo.

Los sincrotrones son aceleradores circulares más grandes y sofisticados que utilizan campos magnéticos y eléctricos variables para acelerar partículas y pueden acelerar tanto protones como iones pesados (como carbono, oxígeno o helio). Su principal ventaja es que pueden alcanzar energías mucho más altas que los ciclotrones, lo que los hace ideales para iones pesados, como los utilizados en la terapia de iones de carbono. Ajustan la energía de los haces directamente, sin necesidad de degradadores, lo que permite mayor precisión. La desventaja fundamental es que son más costosos y complejos de construir y operar, y requieren instalaciones más grandes debido a sus componentes. A causa de la mayor complejidad y tamaño de estas máquinas, existen únicamente en el mundo unas 35 instalaciones de protones y 15 de iones.

Actualmente tenemos otras alternativas emergentes en el campo de la hadronterapia que consisten en linac compactos, pero son menos comunes debido a su tamaño y complejidad para partículas pesadas, y todavía están en fase de I+D.

Un aspecto importante en radioterapia, y específicamente en hadronterapia, ya que tiene impacto en el diseño y tipo de acelerador, consiste en el "moldeado de la dosis", que significa ajustar de manera muy precisa la cantidad de radiación que llega al tumor, intentando al mismo tiempo dañar lo menos posible los tejidos sanos que lo rodean. Este proceso ha evolucionado con el paso del tiempo. En la metodología antigua, conocida como de doble dispersor, se utiliza un dispositivo para "ensanchar" el haz de protones (el dispersor), de modo que cubra todo el tamaño del tumor. Después, se usaba un colimador (una especie de molde) para recortar el haz y darle la forma deseada, y finalmente se colocaba un "degradador" de grosor variable para ajustar la energía de los protones y asegurarse de que penetraran hasta la profundidad exacta del tumor.

TABLA 2
Comparativa de las características fundamentales de los ciclotrones y sincrotrones en hadronterapia.

CARACTERÍSTICA	CICLOTRÓN	SINCROTRÓN
Partículas	Protones	Protones e iones pesados
Energía máxima	Limitada (~250 MeV)	Alta (hasta ~400 MeV/u)
Costo	Más económico	Más caro
Precisión	Menos ajustable	Más ajustable
Tamaño	Compacto	Grande

El procedimiento moderno, conocido como técnica de barrido, consiste en que en lugar de ensanchar el haz se utiliza un haz muy fino ("haz de lápiz") que va "escaneando" punto por punto la zona del tumor. La dosis depositada se puede optimizar modulando la intensidad de los haces de protones (IMPT), y si además la irradiación se efectúa desde distintos ángulos de incidencia, existen las estrategias de planificación de dosis conocidas como SFO (optimización de campo único) o MFO (optimización multicampo). Para llevar a cabo el escaneo, se puede usar un barrido por puntos individuales o un barrido continuo. El primero, introducido por primera vez como rutina clínica por el Instituto Paul Scherrer (PSI) en Suiza, es en la actualidad el más común.

¿Por qué es mejor que los rayos X tradicionales? Porque los protones depositan la mayor parte de su energía exactamente en la zona del tumor, mientras que con los rayos X parte de la dosis se reparte por todo el recorrido que hace el haz. Al poder dirigir y "moldear" mejor el haz de protones, disminuye la dosis que reciben los tejidos sanos cercanos al tumor. En pacientes pediátricos, por ejemplo, reducir la dosis extra en los tejidos sanos puede ayudar a disminuir el riesgo de desarrollar otros cánceres en el futuro y a minimizar los efectos secundarios a corto y largo plazo.

En resumen, el uso de haces de protones escaneados y modulados permite un tratamiento más personalizado y seguro, haciendo que la radioterapia sea más eficaz para ciertos tipos de tumores, especialmente aquellos ubicados cerca de órganos sensibles o en niños y niñas. Además, al minimizar la cantidad de energía que se deposita en los tejidos sanos, estas terapias reducen significativamente los efectos secundarios, mejorando así la calidad de vida de los pacientes a largo plazo.

Producción de radioisótopos

Los radioisótopos (o isótopos radiactivos) se han empleado en medicina desde que se descubrió la radiactividad. Consiste en átomos que tienen un núcleo inestable. Para alcanzar un estado más estable, estos núcleos se desintegran y emiten radiación en forma de partículas (como electrones o protones) o energía (rayos gamma). Este proceso se llama desintegración radiactiva. Los radioisótopos tienen aplicaciones fundamentales tanto en el diagnóstico como en el tratamiento de enfermedades.

En términos de diagnóstico, se utilizan en el campo de la conocida como medicina nuclear para visualizar órganos y tejidos internos mediante técnicas de imágenes como tomografía por emisión de positrones (PET), la gammagrafía o la medicina cardiológica. Por ejemplo, en imagen PET se usa el flúor-18 incorporado en la glucosa marcada (FDG) para detectar tumores y evaluar el metabolismo en tiempo real. En gammagrafía, el tecnecio-99m, que es el radioisótopo más usado, se administra al paciente y se acumula en órganos específicos como el corazón, los huesos o el cerebro, emitiendo rayos gamma que detecta una cámara especial. En cardiología, el talio-201 se usa para evaluar el flujo sanguíneo en el corazón.

En lo que respecta a tratamientos, se usan en radioterapia interna para tratar varios tipos de cáncer. Existen diferentes técnicas como la braquiterapia, que consiste en implantes de radioisótopos como el yodo-125 o el paladio-103 colocados cerca o dentro del tumor para irradiarlo directamente con mínimas dosis al tejido circundante. En tratamiento de tiroides, el yodo-131 se administra para destruir células cancerosas o reducir el tamaño de la glándula tiroides en casos de hipertiroidismo. También existen técnicas clínicas de terapias consistentes en radioisótopos como el radio-223 (tratamiento de cáncer de próstata metastásico) que circulan por el cuerpo y atacan específicamente las células cancerosas.

Las ventajas de estas técnicas son diversas, y destacan la alta precisión, ya que permiten tratar o visualizar áreas específicas del cuerpo, la minimización del daño debido a que en el caso de radioterapia interna, afectan menos a los tejidos sanos que la radiación externa, y que los diagnósticos son rápidos y efectivos, pues permiten detectar enfermedades en etapas tempranas con alto nivel de detalle.

La limitación que tiene el uso de radioisótopos es la corta vida media de muchos de ellos, ya que deben producirse y usarse rápidamente, y su disponibilidad, debido a que su producción suele realizarse en reactores nucleares o aceleradores de partículas (fundamentalmente ciclotrones), lo que puede limitar su acceso en ciertas regiones. A medida que los reactores se vuelven una fuente cada vez menos fiable de radioisótopos, se hace necesaria una estrategia clara para el desarrollo de aceleradores dedicados, rentables y versátiles.

La mayoría de los radioisótopos producidos mediante aceleradores se generan en ciclotrones de alta intensidad empleando un haz de protones (o deuterones) con energías en el rango de 10 a 70 MeV. Estos protones acelerados bombardean un blanco específico, como agua enriquecida con oxígeno-18, para producir radioisótopos como el flúor-18 (usado en PET).

Existen otras alternativas para producir isótopos radiactivos con aceleradores. Por ejemplo, se pueden usar un linac para la producción de isótopos como el molibdeno-99, que es clave para obtener tecnecio-99m, utilizado en diagnóstico médico, cuya principal ventaja es su alta precisión para controlar la energía de las partículas, a pesar de que son más grandes, complejos y costosos que otros aceleradores como los ciclotrones. Otra opción son sincrociclotrones y sincrotrones que permiten manejar partículas más pesadas, como protones e incluso iones de carbono y cuya aplicación principal es la producción de isótopos como el cobalto-60 empleado tanto en tratamientos de radioterapia como en esterilización de equipos médicos. Estas máquinas pueden trabajar con partículas de mayor energía y producir isótopos difíciles de obtener, aunque son muy costosas de construir y operar, y requieren instalaciones grandes.

Por último, también se pueden mencionar los generadores de neutrones, que consisten en aceleradores lineales compactos que producen neutrones mediante reacciones nucleares simples, como la fusión de deuterio y tritio, y permiten crear isótopos mediante reacciones neutrónicas. Tienen la ventaja de ser compactos y accesibles, pero están limitados en cuanto a los radioisótopos que pueden producir, entre otras cosas.

La ventaja de usar ciclotrones con este fin es que son compactos y relativamente accesibles, además de ser muy eficaces para producir radioisótopos con una vida media corta. Actualmente existen alrededor de unos 1500 ciclotrones en todo el mundo para producir isótopos radiactivos.

Diagnóstico por imágenes

La tecnología basada en aceleradores permite la producción de fuentes de radiación necesarias para diversas técnicas de imágenes médicas. La capacidad de explorar el interior del cuerpo humano con asombrosa precisión se ha convertido en un pilar fundamental de la medicina moderna. En este contexto surge el diagnóstico por imágenes con aceleradores, una disciplina que combina la medicina nuclear y la física médica para desentrañar los misterios que yacen bajo la piel. Aquí, los aceleradores de partículas asumen un papel fundamental: al producir radioisótopos o generar haces de partículas permiten obtener retratos detallados de nuestros tejidos internos. Estas imágenes no solo revelan estructuras invisibles a simple vista, sino que también brindan información diagnóstica vital para comprender y tratar numerosas enfermedades con mayor eficacia.

Ya se ha comentado cómo con los aceleradores se pueden fabricar isótopos radiactivos de vida corta, como el flúor-18. Este isótopo se une a moléculas como la glucosa, el combustible favorito de las células del cuerpo. Cuando esta glucosa especial entra en el cuerpo, viaja por la sangre y se acumula en áreas donde las células están más activas, como un tumor en crecimiento. Con unos equipos de diagnóstico especial, los médicos pueden seguir el rastro brillante del flúor-18, viendo exactamente dónde están las células trabajando más de lo normal. Es como si pudieran ver el metabolismo en acción.

En otras técnicas, como la gammagrafía (SPECT), los radioisótopos fabricados por aceleradores, como el tecnecio-99m, se convierten en guías que muestran el flujo sanguíneo, la función de los órganos y hasta las señales de enfermedades. El tecnecio, por ejemplo, es como un rastreador que se distribuye en el cuerpo, marcando con luz radiactiva los tejidos que necesitan atención.

Más allá de los isótopos, los aceleradores también pueden crear haces de partículas, como protones o rayos X, que interactúan directamente con los tejidos para generar imágenes. Estos haces son como pinceles invisibles que trazan contornos detallados del cuerpo, mostrando tumores escondidos o daños en órganos esenciales. En casos más avanzados, los propios protones se pueden usar como el haz principal para crear la imagen, dejando trazos precisos de información sobre la densidad y composición de los tejidos. Es como tener un lápiz extremadamente fino que es capaz de dibujar con alta precisión tanto anatómica como funcionalmente los tejidos y órganos.

El verdadero atractivo del diagnóstico por imágenes con aceleradores radica en su capacidad para fusionar ciencia y tecnología de manera excepcional. Cada dispositivo, ya sea un ciclotrón o un acelerador lineal, opera de forma constante para generar partículas que actúan como faros guía en el interior del cuerpo humano. Esta habilidad para ver más allá de lo visible ha transformado nuestra comprensión y tratamiento de las enfermedades. La medicina ya no solo puede observar el cuerpo desde el punto de vista de nuestro ojo natural, sino también interpretar cómo funciona y cómo puede recuperarse. Todo esto es posible gracias a estas asombrosas máquinas que hacen visible lo que antes era invisible.

CAPÍTULO 5

Aceleradores en industria

De los más de 30 000 aceleradores de partículas que hay en el mundo, sabemos que una fracción importante, en torno al 45-50%, se utilizan en aplicaciones relacionadas con la medicina. Pero estas potentes herramientas tienen una presencia mucho más amplia y diversa en la industria y en el comercio. Para hacernos una idea, el valor de negocio en el que se usan aceleradores de partículas como herramienta alcanza un valor colectivo superior a 500 000 M€/año.

Los haces de partículas generados por tecnología de aceleradores ocupan un lugar fundamental tanto en el estudio como en la transformación de superficies en una extensa variedad de ámbitos, que van desde la manufactura y el procesamiento de materiales, pasando por funciones de inspección y seguridad, hasta su uso en la protección del medioambiente y la conservación patrimonial. Incluso se está planteando su uso en el ámbito de la producción de energía para resolver problemas asociados a la energía nuclear. Su nivel de precisión y sensibilidad, a menudo no disponible con otras técnicas, se combina con la ventaja de ser procedimientos generalmente no invasivos ni destructivos.

A lo largo de los años, en la industria se han utilizado principalmente haces de partículas de baja energía (hasta unos 100 MeV/u) de electrones y de iones, aunque para algunas aplicaciones se está introduciendo el uso de protones. La variedad de usos de los aceleradores en industria es muy amplia, y cada vez se desarrollan nuevas aplicaciones, por lo que aquí únicamente introduciremos los más relevantes y de mayor impacto social.

Dopaje de semiconductores

La mayor parte de la población ha oído hablar de los microchips, pero desconoce que su nombre técnico es dispositivos semiconductores. En el interior de cualquier artefacto tecnológico que tenemos hoy en día, desde los simples (en realidad muy complejos) teléfonos móviles hasta los cohetes que van al espacio, hay una inmensidad de circuitos electrónicos semiconductores que definen su funcionalidad.

Un semiconductor es un material especial que se sitúa entre dos mundos: el de los conductores, que permite el flujo de electricidad, y el de los aislantes, que impide este paso. Lo fascinante de los semiconductores es que, dependiendo de ciertas condiciones, pueden comportarse como conductores o como aislantes, adaptándose según sea necesario. Su mayor contribución está en los dispositivos que se fabrican con ellos, que son la base de una enorme variedad de productos electrónicos.

Una de las características más destacadas de los materiales semiconductores es la posibilidad de ajustar su conductividad según convenga. Durante la fabricación de dispositivos se suelen emplear materiales como silicio, germanio e incluso semiconductores compuestos por dos o más especies atómicas, a los que se incorporan dopantes que permiten modificar su conductividad y de esta manera construir transistores de tamaños submicrométricos en muy altas escalas de integración y elaborar así los conocidos microchips o circuitos integrados.

El concepto de dopaje de los semiconductores mediante implantación iónica no es nuevo, ya fue presentado en la patente original de 1954 por Shockley, padre del transistor, y sigue siendo la técnica predominante en la fabricación de circuitos integrados, consolidándose como uno de los procesos fundamentales en las tecnologías modernas de integración a gran escala. Este proceso consiste en introducir átomos dopantes en un semiconductor mediante un haz de iones energéticos con un esquema de acelerador iónico de baja energía tal y como muestra la figura 17.

Figura 17
Esquema de cañón de iones para dopaje de silicio con arsénico (dopaje tipo N).

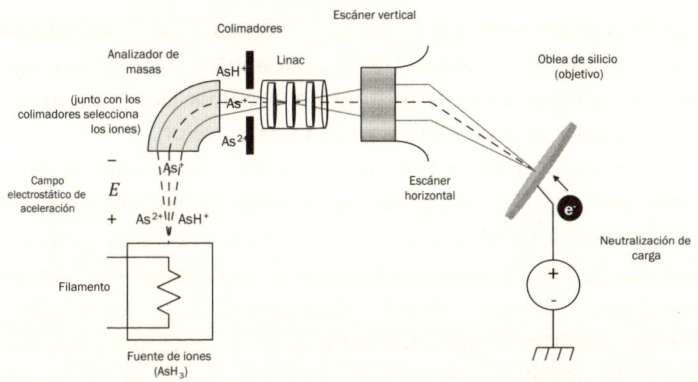

Básicamente, la técnica consiste en "disparar" átomos dopantes especiales, previamente convertidos en iones cargados, que son acelerados por un potente campo eléctrico y dirigidos hacia el material objetivo con gran precisión. Es como si una lluvia controlada de partículas energéticas modificara estratégicamente las propiedades del semiconductor. La adición de estos iones modifica las propiedades eléctricas de áreas específicas en una oblea o pieza de semiconductor, permitiendo diseñar dispositivos con las propiedades deseadas. Por ello, la implantación iónica se considera una técnica fundamental en el desarrollo de circuitos integrados, respaldada por una industria colosal y es, además, uno de los usos más destacados de los aceleradores de partículas.

Relacionada con el desarrollo de componentes en microescala se puede introducir aquí también la fabricación nanotecnológica. Con un haz de electrones o iones se puede esculpir la superficie de un material a una escala minúscula, abriendo la puerta a nuevas tecnologías en semiconductores, sensores o recubrimientos especiales. En la carrera por desarrollar dispositivos y materiales cada vez más pequeños y eficientes, los aceleradores de partículas resultan ideales. Al permitir introducir, con increíble precisión, pequeñas cantidades de un material dentro de otro, en distancias de solo unos nanómetros y en configuraciones tridimensionales específicas, tenemos una herramienta única para crear estructuras diminutas, conocidas como nanoestructuras. Estas tienen aplicaciones en campos como la óptica, la electrónica y el magnetismo, y su importancia no deja de crecer. Ninguna otra técnica puede igualar la precisión y la fiabilidad de la implantación iónica cuando se trata de diseñar materiales a escala nanométrica.

Transformación de materiales y tratamiento de superficies

Imaginémonos que de alguna manera pudiéramos "tunear" las propiedades de un material solo irradiándolo, dotándolo de unas características nuevas y únicas que de otro modo sería imposible. Eso es, en esencia, lo que se logra con aceleradores de electrones cuyo esquema se muestra en la figura 18, donde un haz bien controlado se usa para transferir una alta densidad de energía térmica (10^6-10^9 W/cm^2) en un material de una manera muy precisa (0,1-10 μm) en lapsos ultracortos. El impacto a alta velocidad sobre la superficie de la pieza convierte una gran parte de la energía en calor en un tiempo extremadamente corto, elevando la temperatura del material impactado a miles de grados centígrados, provocando su fusión y vaporización. El material residual generado durante el impacto es evacuado por el sistema de vacío.

Este tipo de aplicaciones tiene sus raíces a mediados del siglo XX. Inicialmente, se utilizaron para aplicaciones como la esterilización, la reticulación de polímeros o el curado de resinas. A medida que la tecnología se volvió más precisa y controlable, fue encontrando nuevos usos en la industria, particularmente en la década de 1960 y principios de la de 1970.

Figura **18**
Diagrama de un cañón de electrones
para tratamientos de materiales.

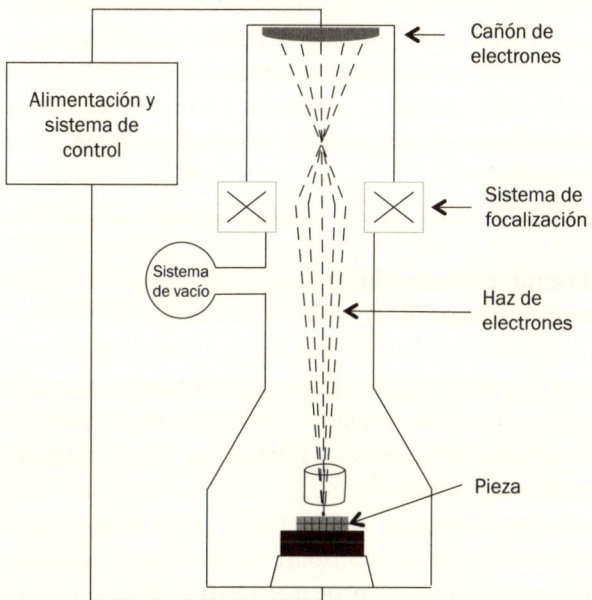

Tratamiento de superficies. Con haces que van desde 0,1 kW hasta los 2 MW y voltajes de aceleración desde los 10 a 150 kV, pueden modificar las propiedades superficiales de los materiales, mejorando la resistencia al desgaste o la resistencia a la corrosión. Se pueden usar en la deposición de recubrimientos para "tejer" cadenas de polímeros de forma más resistente y confiable, así como mejorar la durabilidad de plásticos y aislamientos en cables. La implantación iónica también permite reforzar la dureza de metales en aplicaciones como la fabricación de herramientas y matrices.

Soldadura por haz de electrones. En el rango de 100 kW y 300 kV, los haces de electrones pueden utilizarse para la soldadura de alta precisión de diversos materiales, incluidos metales, aleaciones y materiales distintos, teniendo un uso prevalente en industrias como la automovilística, la aeroespacial y la electrónica.

Taladrado y mecanizado con haz de electrones. Los haces de electrones de hasta 10 kW y 200 kV permiten el perforado de orificios o mecanizado como corte, ranurado y conformados en materiales como metales, cerámicas y semiconductores con muy alta precisión. Este método es ideal para aplicaciones en las que se requiere un nivel máximo de precisión y calidad, versatilidad en el uso de una amplia gama de materiales, incluidos los más duros y resistentes y sin contacto físico, reduciendo el desgaste de herramientas y el riesgo de contaminación. Se consolida pues como una tecnología clave en sectores de alta exigencia como la fabricación de boquillas de inyección de combustible, producción de turbinas y piezas para reactores nucleares, implantes de metal, como prótesis de cadera o rodilla, que requieren superficies suaves y cortes precisos, entre otros muchos.

Fabricación aditiva por haz de electrones. Los haces de electrones pueden utilizarse en procesos de fabricación aditiva para fundir y solidificar polvos metálicos capa por capa, creando complejas estructuras tridimensionales. Es muy útil en la creación rápida de prototipos, la producción de componentes personalizados y en las industrias aeroespacial y médica.

Esterilización con haz de electrones

La esterilización con haz de electrones elimina microbios al romper los enlaces moleculares en su ADN sin necesidad de calor extremo ni químicos agresivos. Gracias a ello, puede aplicarse en dispositivos médicos, empaques de alimentos y productos farmacéuticos sin dañar sus materiales sensibles.

Actualmente, esta tecnología se utiliza principalmente para esterilizar en masa dispositivos médicos como implantes y herramientas quirúrgicas, empleando haces de electrones de energía entre 1 y 10 MeV. Sin embargo, para objetos más sensibles, como dispositivos electrónicos encapsulados o empaques avanzados, se están desarrollando versiones de menor energía que permiten desinfectar sin dañar componentes delicados.

Aunque esta tecnología ya se usa desde hace más de 50 años para esterilizar grandes lotes de productos, su adopción a menor escala (por ejemplo, en hospitales o para dispositivos delicados) aún enfrenta obstáculos de costos y regulaciones. No obstante, el potencial de este tipo de aplicación sigue creciendo, pues combina precisión, rapidez y una gran capacidad de adaptación a las necesidades de la industria.

Inspección y seguridad

Las técnicas de diagnóstico basadas en aceleradores están ganando cada vez más protagonismo frente al creciente desafío de asegurar la protección de la ciudadanía. En aduanas y aeropuertos, los rayos X generados por aceleradores de partículas sirven para escanear contenedores, maletas y camiones en busca de objetos ilegales o peligrosos (como artefactos de tipo explosivo) sin necesidad de abrirlos. Además, también se usan haces de neutrones generados mediante aceleradores en tareas de inspección de carga ya que proporcionan un método de detección más completo y selectivo, pues tienen mayor sensibilidad a ciertos elementos y una capacidad de penetración e interacción con la materia diferente a los rayos X, lo que permite reforzar la seguridad en pasos fronterizos y áreas críticas donde es fundamental identificar de manera fiable sustancias peligrosas u ocultas.

Además, a mucha menor escala, también se utilizan en ensayos no destructivos, analizando piezas metálicas, soldaduras o estructuras para detectar fallas internas y asegurar que todo funcione correctamente, sin dañar la pieza en sí.

Protección del medioambiente y preservación del patrimonio

El poder de los haces de partículas también se aprovecha para tratar aguas residuales y eliminar contaminantes orgánicos, evitando así que lleguen a ríos y mares. El crecimiento urbano de los últimos dos siglos junto con la contaminación industrial ha sobrepasado la capacidad de los ríos para purificarse naturalmente y ha contribuido significativamente a la contaminación del agua, tanto de metales pesados, pesticidas y colorantes como de contaminación microbiológica de las aguas residuales municipales.

Ciertas investigaciones han demostrado importantes mejoras en la biodegradabilidad de los contaminantes cuando se aplica radiación-oxidación con haz de electrones en aguas residuales, requiriéndose una dosis aproximada de 1 a 2 kiloGray para transformar los contaminantes resistentes a la degradación biológica en un estado biodegradable. En Corea del Sur se ha usado un acelerador de alta potencia (1 MeV, 400 kW) en una planta de tratamiento de aguas residuales para tratar hasta 10 000 metros cúbicos diarios de aguas procedentes de la industria textil, mostrando una elevada eficacia en la eliminación de impurezas orgánicas no degradables. Las investigaciones también han demostrado que el lodo procedente de una planta municipal de tratamiento de aguas residuales puede desinfectarse de forma eficaz mediante radiación de alta energía, eliminando sistemáticamente el 99,99% de las bacterias patógenas.

Los bienes del patrimonio cultural fabricados con materiales como papel, textiles o madera son especialmente vulnerables a ataques biológicos cuando no se conservan en condiciones adecuadas. En los últimos años se ha demostrado con éxito el uso de radiación ionizante (electrones o rayos X generados por aceleradores) para desinfectar estos objetos, con la colaboración de museos y bibliotecas.

Técnicas de análisis basadas en haces de iones

Las técnicas basadas en haces de iones son como microscopios avanzados que nos permiten mirar dentro de los materiales de manera muy precisa sin dañarlos. Utilizan haces de iones que, al interactuar con un material, generan señales reveladoras sobre su composición, estructura y propiedades. Dependiendo de cómo sea esta interacción podemos descubrir qué elementos lo componen, cuán profundos están e incluso detectar imperfecciones en cristales o películas delgadas.

Estas técnicas sirven tanto para materiales del pasado como del futuro, desde artefactos arqueológicos hasta semiconductores de última generación. Sirven en la protección del medioambiente, identificando contaminantes en agua, aire y suelo, y en biología y salud, mediante el análisis de tejidos o distribuciones de elementos esenciales en organismos.

Aceleradores y energía

Los aceleradores de partículas se utilizan en varios frentes relacionados con la producción de energía, especialmente en el ámbito nuclear, tanto en la fisión como en la fusión. Ambos tipos de energía nuclear conllevan problemas distintos y complejos. En el caso de la fisión nuclear, los principales desafíos son los riesgos de accidentes con potenciales consecuencias catastróficas y los desechos radiactivos de alta actividad y larga vida, un legado insostenible para las generaciones futuras que a día de hoy ni la ciencia ni la ingeniería le han dado una solución adecuada. En cuanto a la fusión nuclear, los desafíos técnicos son considerables y aún pasarán muchos años antes de que exista un reactor de fusión nuclear comercial totalmente operativo.

Las actividades que se están llevando a cabo en este ámbito están todavía en fase incipiente de I+D y se pueden resumir en:

- Sistemas subcríticos accionados por aceleradores (ADS). Consiste en que un reactor subcrítico (que por sí mismo no puede mantener la reacción en cadena) se ve impulsado por un haz de protones de alta energía proveniente de un acelerador. Al chocar los protones con un blanco, se produce un proceso llamado espalación, que libera neutrones adicionales que a su vez alimentan la reacción de fisión dentro del núcleo subcrítico, permitiendo generar energía de manera más segura que en un reactor convencional, ya que si se detiene el haz del acelerador, la reacción en cadena finaliza rápidamente. Además, este método puede servir para transmutar o reducir la radiactividad de ciertos isótopos de larga vida presentes en el combustible nuclear usado.

- Transmutación de desechos radiactivos. Usando haces de partículas (protones, neutrones e iones) de alta intensidad y muy sostenidos en el tiempo que inciden sobre núcleos pesados en los desechos radiactivos se pueden transformar en isótopos más estables o de vida media más corta. De esta forma, se contribuye a reducir tanto la peligrosidad como los periodos de almacenamiento que requieren estos residuos.

- Investigación y desarrollo en fusión nuclear. Como ya se introdujo en el capítulo 3 de aceleradores para aplicaciones científicas, en los proyectos de fusión de deuterio y tritio, los aceleradores se utilizan para inyectar haces de partículas que calientan y estabilizan el plasma dentro del reactor, manteniendo así las condiciones óptimas de temperatura y densidad necesarias para alcanzar la fusión. Este es un claro ejemplo de uso dual de los aceleradores, uniendo la investigación fundamental con el ámbito comercial e industrial.

- Ensayos de materiales para centrales nucleares. Un aspecto esencial en el diseño de nuevas y futuras centrales de fisión o fusión es la resistencia de los materiales a las condiciones de operación, tanto de radiación como térmicas o mecánicas. Los aceleradores permiten someter los materiales y muestras de estos a dosis controladas de irradiación, simulando años de exposición en un reactor en un tiempo mucho más breve.

- Producción de isótopos para reactores. Usando aceleradores se pueden generar isótopos específicos que sirven como combustibles o trazadores que ayudan a estudiar la dinámica interna de los reactores.

En suma, los aceleradores de partículas son como la varita mágica de la industria moderna: permiten personalizar y analizar materiales de una forma que las técnicas tradicionales difícilmente igualan. Su alcance va mucho más allá de los tratamientos médicos y se extiende a campos tan dispares como la inspección de carga, la producción de alimentos más seguros, la fabricación de microchips, la conservación del patrimonio histórico o la purificación del agua. Son, en definitiva, una ventana a la innovación y al perfeccionamiento continuo en casi todos los sectores industriales y comerciales.

Investigación y desarrollo de productos

Además de los usos mencionados, existen grandes instalaciones de aceleradores donde se une el uso científico de estas máquinas con su uso industrial y comercial. Un claro ejemplo ya fue mencionado y se trata de los centros donde se producen rayos X de altísima intensidad, sea con sincrotrones o con los modernos FEL. El poder "ver" el interior de los materiales, de biomoléculas, de estructuras de ADN, etc., permite a empresas de distintos sectores perfeccionar y diseñar nuevos productos. Esto tiene especial interés en sectores como el farmacéutico, ya que mediante técnicas de cristalografía se puede determinar la estructura interna de las proteínas u otras partes de las células, y a partir de ahí se puede entender la estructura interna de estas y diseñar mediante bioingeniería y biotecnología nuevos fármacos, nuevas proteínas o enzimas con aplicaciones industriales.

Otra aplicación de interés es en el sector automotriz y aeroespacial porque el poder revelar el interior de los materiales permite hacer estudios de fatiga, corrosión y microestructura de diferentes aleaciones metálicas o materiales compuestos, así como hacer una evaluación no destructiva de componentes críticos (como turbinas o frenos), con la ventaja competitiva que esto supone en el desarrollo de nuevos productos de alto valor añadido. Este tipo de estudios de materiales y sus consecuentes aplicaciones también se llevan a cabo en las fuentes de neutrones basadas en aceleradores, que son instalaciones especializadas en las que se aceleran protones para bombardear blancos metálicos pesados y así producir neutrones por un proceso nuclear conocido como espalación. Estas fuentes proporcionan haces intensos de neutrones cuyo uso va más allá del ámbito científico y la componente industrial es muy relevante.

Entre las aplicaciones principales destacan el análisis preciso de estructuras internas, de tensiones internas y de fatiga en materiales industriales. También los análisis no destructivos de componentes, ya que los neutrones atraviesan fácilmente materiales densos como el acero o aluminio, permitiendo detectar fallas internas, grietas, etc., de especial relevancia en sectores como la automoción, aeronáutica o ingeniería civil. O el I+D industrial en nuevos materiales magnéticos, semiconductores y superconductores, de especial interés para almacenamiento y eficiencia energética.

CAPÍTULO 6

Explorando nuevas tecnologías

Para comenzar este capítulo, nos gustaría hacerlo comentando una frase que se atribuye a Albert Einstein, y que dice algo así como "hay dos cosas que son infinitas: la estupidez humana y el universo; y no estoy realmente seguro de lo segundo". A los autores de este libro, sin intentar ser pretenciosos, nos gustaría añadir algo a la frase enunciada por el gran genio Einstein, y es que consideramos que así como el ser humano posee el don de la estupidez, también posee otro que ha mostrado infinita capacidad a lo largo de la historia, el ingenio. Y sobre ingenio va todo el desarrollo de las máquinas aceleradoras a lo largo de la historia y los presentes y futuros avances en este campo.

Como ya hemos visto, los aceleradores de partículas son herramientas fundamentales en diversos campos de la ciencia, la industria y la medicina. La investigación en aceleradores de partículas avanza en múltiples direcciones, impulsada por la necesidad de alcanzar mayores energías, mejorar la eficiencia y ampliar su accesibilidad.

Pretender describir aquí todos los proyectos, planes y líneas de trabajo que se están llevando a cabo en cuanto a I+D en aceleradores de partículas sería imposible. Sin embargo, sí que podemos mencionar los trabajos más reseñables e impactantes que se están llevando a cabo en cuanto a nuevas invenciones tecnológicas relacionadas con el campo.

Entre las líneas de desarrollo más destacadas se encuentran fundamentalmente el diseño de aceleradores más compactos y el I+D en materiales superconductores; sin embargo, también existe gran actividad de desarrollo en instrumentación avanzada de monitorización de haz, nuevas herramientas de simulación y modelización, técnicas avanzadas para manipular, enfocar y extraer el haz, integración de tecnologías de IA y nuevos diseños conceptuales de aceleradores para nuevas aplicaciones.

Miniaturización de aceleradores

¿Por qué necesitamos aceleradores de partículas más compactos? Esta pregunta puede tener varias respuestas, pero hay una que es fundamental: para acelerar las partículas en el menor espacio posible. ¿A qué profesional que utilice estas máquinas no le gustaría tener un acelerador "de bolsillo" o que como mucho ocupase el tamaño de una mesa de trabajo?

En el caso de los aceleradores utilizados en aplicaciones médicas e industriales, algunas tecnologías ya son bastante compactas, mientras que otras siguen siendo de gran tamaño y reducirlas tendría implicaciones directas en la cantidad de unidades que podría haber disponibles para su uso. En aplicaciones médicas, por ejemplo, la compactación facilita su instalación en hospitales y otros edificios, evitando la necesidad de infraestructuras adicionales. Una mayor compacidad también simplifica las tareas de mantenimiento y operación, aumentando la fiabilidad de los equipos, ya que esta depende del número de elementos, el tamaño del sistema y la dispersión espacial de sus componentes.

En el ámbito científico, especialmente en la física de partículas de altas energías, los tamaños y costes de los colisionadores de partículas han ido creciendo a lo largo de los años en la búsqueda de mayores energías, hasta el punto de que su tamaño está llegando a magnitudes que se podrían considerar colosales. Por poner un ejemplo, el estudio preliminar del futuro colisionador circular FCC, que está planificando el CERN, cuya longitud se estimaría en unos 100 km, tendría un consumo energético estimado en 1 TWh, el equivalente a una ciudad de unos 200 mil habitantes.

Para lograrlo, la investigación se centra principalmente en dos áreas: el desarrollo de tecnologías de aceleración con mayores gradientes, es decir, mayor campo de aceleración, y en el diseño de aceleradores circulares más compactos mediante el uso de materiales superconductores. A continuación, describiremos brevemente las principales tecnologías que se están desarrollando con el fin de obtener mayores gradientes de aceleración.

La tabla 3 muestra un resumen de las principales tecnologías de aceleración, ordenadas de izquierda a derecha según su capacidad para acelerar o gradiente de aceleración. Algunas de ellas ya están en usa o experimentación, mientras que otras todavía están en fases muy incipientes de madurez tecnológica o incluso en fase de desarrollo teórico-experimental.

TABLA 3
Principales tecnologías de aceleración innovadores en fase de investigación.

	CAVIDADES DE RF DE ALTO GRADIENTE (NORMALES Y SUPERCONDUCTORAS)	CAVIDADES ACELERADORAS RELLENAS DE DIELÉCTRICO (DAA)	ACELERACIÓN DIELÉCTRICA IMPULSADA POR LÁSER (DLA)	ACELERACIÓN POR CAMPO DE ESTELA DE PLASMA (PWFA/LWFA)	ACELERACIÓN POR CAMPO DE ESTELA EN ESTADO SÓLIDO
Tecnología	Cavidades aceleradoras en cobre normal/ superconductoras	Uso de dieléctricos de pérdidas ultra-bajas	Microestructuras dieléctricas de cuarzo o silicio para generar un campo estela	Uso de plasmas gaseosos para generar un campo estela	Uso de nanocristales o nanotubos de carbono donde se genera un campo estela
Aceleración máxima esperada o predicha	~100 MV/m (normales) 35 MVm (superconductoras)	~1 GV/m	~10 GV/m	~100 GV/m	~1-100 TV/m (predicción)

El estado actual de las técnicas de radiofrecuencia (RF) para la aceleración de partículas se limita a gradientes del orden de 100 MV/m, y esto es el estado del arte actual usando la conocida como tecnología de alto gradiente en cavidades conductoras normales de cobre, operadas a temperatura ambiente. En el caso de cavidades superconductoras, nos encontraríamos más bien en el rango de los 35 MV/m. Esta limitación está determinada por el máximo campo magnético y eléctrico que la cavidad puede soportar sin romperse. El campo magnético superficial provoca un aumento de temperatura de las paredes de la cavidad que si es muy elevado puede provocar la formación de grietas en estas. Además, los campos eléctricos superficiales muy intensos generan fenómenos electromagnéticos no lineales que se intensifican en estas condiciones, los cuales pueden generar descargas eléctricas frecuentes conocidas como *breakdowns* hasta causar la ruptura de la cavidad.

Una tecnología que se está desarrollando son las cavidades aceleradoras rellenas de dieléctrico (DAA). La idea en este caso consiste en usar dieléctricos de ultra-bajas pérdidas y concentrar la energía electromagnética en los *gaps* de aceleración, consiguiendo reducir la energía disipada en las paredes de la cavidad y transmitiendo el máximo posible al haz de partículas. Esta tecnología puede alcanzar gradientes de aceleración que están en el orden de magnitud de $\sim 1\,\mathrm{GV/m}$. Los retos que se presentan de cara a desarrollarla e industrializarla son el desarrollo de nuevos dieléctricos de tamaños "grande", con unas buenas características, ser capaces de mecanizar y construir las geometrías con las tolerancias requeridas, así como la mitigación de fenómenos electromagnéticos no lineales que afectan al funcionamiento de estas.

Las siguientes tecnologías que se explican a continuación tienen que ver con la generación de ondas de plasma, también conocidas como campos estela (o *wakes*), en los que se hace "surfear" a las partículas. Un símil que permitirá visualizar en qué consiste este método en una superficie bidimensional es imaginarse la estela que produce una lancha que se desplaza a gran velocidad. Si encontráramos a un surfista lo suficientemente hábil, este podría aprovechar la estela producida y surfearla, para así ganar velocidad. Se sabe que en el mundo electromagnético y a escala micrométrica, estas estelas pueden producir campos que van de las decenas de GV/m a los TV/m. Aprovechar esta técnica podría resultar en aceleradores ultracompactos ya que, al ser inyectados en la estela, los electrones pueden "surfear" sobre ella, ganando energía de manera rápida y eficiente en distancias mucho más cortas que los métodos convencionales. La idea de acelerar partículas utilizando ondas de plasma generadas por un pulso láser intenso (LWFA) fue propuesta por primera vez en 1979 por los físicos Toshiki Tajima y John M. Dawson.

Una de las tecnologías es la aceleración dieléctrica impulsada por láser (DLA), la cual permitiría llegar a campos de aceleración de hasta ~10 GV/m. La idea en este caso consiste en el desarrollo de microestructuras dieléctricas en la que se inyecta un pulso láser que genera un campo eléctrico estela en el que "surfean" las partículas. Existen diferentes variantes de esta tecnología, como por ejemplo las cavidades aceleradoras con paredes de materiales dieléctricos (DWA), en las que en vez de un láser se emplea un paquete de electrones de alta energía o un pulso de microondas para generar la estela. Están en fase temprana de desarrollo y se enfrentan a diferentes retos como la fabricación de las estructuras dieléctricas a las escalas miniaturizada, el control y uniformidad de las características del dieléctrico, los posibles daños que pueda sufrir el dieléctrico por el régimen de alto campo en el que trabajan, la producción de radiación ionizante y la integración de las fuentes para generar las estelas, entre otros.

La aceleración por campo estela de plasma tiene el potencial de alcanzar gradientes del orden de 100 GV/m. Esta tecnología se basa en la generación de una estela en un plasma que se sincroniza con el grupo de electrones a acelerar. Existen dos variantes de ella: LWFA, en la que un pulso láser ultracorto y de alta intensidad ioniza un gas, generando una onda de plasma en la que los electrones se aceleran; y la PWFA, en la que un haz de electrones principal excita una onda en el plasma que acelera un segundo haz de electrones testigo. Aunque ha demostrado su viabilidad en entornos de laboratorio, aún se enfrenta a múltiples desafíos que deben resolverse antes de su aplicación práctica. Se considera como la tecnología clave para el desarrollo de colisionadores de nueva generación y fuentes de rayos X ultrabrillantes. Entre los múltiples desafíos a los que todavía se enfrenta se pueden mencionar que requieren un control muy preciso del plasma, la estabilización del haz y son necesarias tecnologías avanzadas y muy sofisticadas para inyectar las partículas.

Por último, y como propuesta de futuro para campos de aceleración aún más intensos, se puede mencionar la aceleración por campo de estela de plasma en estado sólido, que permitiría campos de hasta ~100 TV/m. Esta tecnología es la menos madura de todas las mencionadas y todavía está en fase de desarrollo conceptual a nivel teórico y de simulación. Básicamente, se fundamenta en que un haz de partículas cargadas puede excitar en nanocristales o nanotubos de carbono una especie de estela que se transforman en algo conocido como modos plasmónicos superficiales (movimiento colectivo de electrones de pared que actúan como un plasma estructurado). Esto se conseguiría en dispositivos del tamaño de milímetros, dando lugar a equipos de aceleración ultracompactos. Los desafíos a los que se enfrenta esta técnica son muchos y probablemente muchos de ellos sean todavía desconocidos, por lo cual todavía requiere de un gran esfuerzo de I+D para su progreso.

Avances en superconductividad

La superconductividad es la capacidad que tienen ciertos materiales de conducir la corriente eléctrica sin resistencia cuando se enfrían por debajo de una temperatura crítica muy baja, normalmente por debajo de los 5 Kelvin. Esta propiedad resulta esencial en muchos aceleradores de partículas modernos pues permiten construir imanes que manejan campos muy intensos y cavidades superconductoras que almacenan mucha energía con muy bajas pérdidas, lo cual implica reducir costes de operación porque prácticamente se eliminan las pérdidas en forma de calor. Como contrapartida, necesitan un sistema de enfriamiento criogénico sofisticado (y costoso) para mantener los imanes y cavidades a temperaturas tan bajas, pero en conjunto se reduce el consumo eléctrico total que a la larga compensa los costes de refrigeración, permitiendo operar aceleradores potentes de forma más sostenible. Otra contrapartida es que requiere manejar materiales complejos, más difíciles de conseguir que el cobre, y mucho más difíciles de manufacturar, manejar y operar.

Sin embargo, en caso de grandes instalaciones donde se manejan haces con energías muy altas, las ventajas superan a las desventajas, y la superconductividad es esencial, de lo contrario no se podrían construir los electroimanes con el campo magnético con la intensidad necesaria para guiar y enfocar el haz de partículas. Cuanto más fuerte es el campo, más se puede "doblar" la trayectoria de partículas de alta energía en un espacio reducido.

Hoy en día, el esfuerzo de I+D fundamental que se está llevando a cabo en cuanto a tecnologías superconductoras para aceleradores se centran en nuevos materiales que operan a temperaturas más altas, mejorar las técnicas con los materiales que ya se usan hoy en día y manejar su forma, nuevos desarrollos teóricos que ayuden a entender la naturaleza de la superconductividad.

Ya desde la década de 1980 se descubrieron nuevos materiales capaces de volverse superconductores a temperaturas no tan cercanas al cero absoluto, sino por encima de los -200 °C, lo cual es una ventaja a la hora de operarlos y simplifica el sistema de criogenia. Actualmente existe una carrera por alcanzar la superconductividad a temperaturas cada vez mayores, y tenemos diversos candidatos de materiales prometedores, sin embargo, su aplicación comercial y científica a gran escala presenta dificultades tecnológicas como la fragilidad o complejidad de fabricación, así como una comprensión todavía incompleta de sus mecanismos físicos subyacentes.

El otro ámbito en el que se trabaja es en optimizar el niobio y sus compuestos, que es el superconductor que se emplea hoy en día para la mayor parte de aplicaciones. La línea de trabajo se centra en refinar técnicas de pulido, dopado o recubrimiento para alcanzar campos magnéticos más intensos y gradientes de aceleración mayores, con menos pérdidas y más fiabilidad. Además, también se están haciendo esfuerzos por conseguir formas más sofisticadas en diferentes tipos de superconductores para poder hacer así imanes más complejos y de mayor número de polos.

Por último, pero no por ello menos importante, está la investigación fundamental para comprender la naturaleza subyacente sobre el fenómeno de la superconductividad: ¿qué es lo que convierte a un material en superconductor? Preguntas como esta siguen vivas en la comunidad científica. Las teorías que se manejan son varias, y cada nuevo compuesto hallado abre un nuevo camino de estudio y de conocimiento, que tal vez en el futuro nos permita desarrollar materiales más robustos, versátiles y fáciles de fabricar, ya no solo en el mundo de los aceleradores, sino en el creciente abanico de aplicaciones que van surgiendo.

Gracias a estos avances, se podría hacer que los aceleradores de partículas sean más accesibles y eficientes.

Avances en instrumentación de haz

A pesar de que la mayor parte del esfuerzo de I+D para los aceleradores del futuro se centra en mayor medida en su miniaturización y las tecnologías superconductoras, existen otros ámbitos en los que se está avanzando, ya que son muchas las disciplinas involucradas en estas máquinas tan complejas.

Un elemento fundamental de los aceleradores de partículas es la conocida como instrumentación del haz. El desarrollo de nuevos detectores, sensores y técnicas de diagnóstico ha tenido un gran impulso en los últimos años, y son clave para mejorar la calidad, estabilidad y eficiencia de los haces.

Entre los dispositivos más comunes en un acelerador se encuentran los monitores de posición (BPM) que indican dónde está el haz en cada instante con precisión micrométrica, pantallas fosforescentes y cámaras ultrarrápidas que nos ofrecen una "foto" de la forma del haz y de lo compacto que está. Incluso se usan técnicas de deflexión RF o electro-ópticas para desvelar la duración del pulso en escalas de femtosegundos. Saber cuánta carga circula por el acelerador también es crucial; para ello, existen transformadores de haz y monitores de corriente que mediante acoplamiento magnético son capaces de medir el paso de las partículas sin tocarlas. Otros sistemas detectan el halo del haz —partículas rezagadas en los extremos del haz— y vigilan las pérdidas, protegiendo así los componentes más sensibles del acelerador.

Gracias a los avances de la ciencia y la tecnología en su conjunto, cada vez se desarrollan dispositivos con capacidades mejoradas y con mayor sensibilidad y resolución para monitorizar el haz. Sería imposible hacer aquí una descripción detallada de todas las líneas de trabajo que se están llevando a cabo, pero sí que es posible indicar un área de la tecnología que está dando un impulso a la mejora de todo tipo de diagnósticos: los avances en sistemas electrónicos. La electrónica moderna ha insuflado nueva vida a la forma en que medimos y controlamos los haces de partículas gracias a dispositivos como digitalizadores ultrarrápidos (ADC de gigahercios), los procesadores FPGA o sistemas *system-on-chip* de última generación que nos permiten capturar y procesar en tiempo real las señales que provienen de monitores de posición, detectores de carga o cámaras ultrarrápidas.

La consecuencia inmediata es una mayor capacidad de detalle y precisión en las medidas. En la actualidad, ya se es capaz de detectar sutiles oscilaciones en la posición de las partículas o diminutas fluctuaciones en su intensidad, casi a la misma velocidad que viaja el haz. Lo más admirable es que la electrónica actual no solo captura los datos, sino que "piensa" y "actúa" en tiempo real. Con el auge de la inteligencia artificial, estos diagnósticos generan tantos datos que se usan algoritmos de aprendizaje automático para predecir fallos o desviaciones y corregirlas "al vuelo". Estos nuevos sistemas "inteligentes" son parte incipiente del presente y ya se están poniendo a prueba; seguro que son parte de un futuro cercano en cuanto a mejoras de diagnósticos de haz que pueden mantener en operación un acelerador sin apenas intervención humana. Y gracias a la constante miniaturización, todo este *hardware* y sistemas inteligentes pueden situarse más cerca del haz, ganando fiabilidad y flexibilidad para captar cada partícula que pasa. Lo que antaño era un arduo proceso de medición, actualmente se está transformando en un sistema de control inteligente, capaz de asegurar la estabilidad del haz y exprimir al máximo los aceleradores.

Otros desarrollos

Por otra parte, también cabe mencionar los avances en cuanto a herramientas de simulación y modelado en el diseño y construcción de máquinas aceleradoras. En el pasado, diseñar y perfeccionar estas máquinas era un camino tortuoso, de experimentación lenta y fórmulas aproximadas en papel. Hoy, ese panorama ha cambiado y los físicos e ingenieros pueden recrear en el mundo virtual las trayectorias de las partículas, los campos magnéticos que las confinan y hasta las variaciones de plasma más complejas, con un nivel de detalle que asombraría a quienes diseñaban los primeros sincrotrones a mediados del siglo XX. Esto es gracias al desarrollo de *software* especializado, la aparición de supercomputadoras y el auge de la inteligencia artificial. La computación ha abierto una nueva era en el desarrollo y la explotación de los aceleradores de partículas.

Se han desarrollado códigos avanzados que permiten integrar simulaciones de campos electromagnéticos, radiación y efectos cuánticos, permitiendo predecir con gran detalle la dinámica de partículas. También existen herramientas de simulación multifísica que se usan en otros ámbitos de la ciencia y que son esenciales en el campo de los aceleradores, pues son capaces de integrar cálculos de electromagnetismo, termodinámica, vacío y mecánica de estructuras en un mismo paquete de simulación, reproduciendo los comportamientos más sutiles.

Todas estas herramientas de modelado y simulación se han visto beneficiadas por el gran aumento en potencia de cálculo que ha traído la computación de alto rendimiento y las unidades de procesamiento gráfico (GPU), las cuales reducen drásticamente el tiempo de simulación, habilitando estudios de multifísica y con millones de partículas y escenarios complejos.

Uno de los conceptos emergentes que ya se están empezando a usar en otros ámbitos como la industria manufacturera o la ingeniería civil es el de "gemelo digital". En este caso, estaríamos hablando del gemelo del acelerador: una representación virtual tan detallada y actualizada que "existe" al unísono con la máquina real. Este gemelo se "alimenta" de datos tomados por la instrumentación del haz y, a su vez, aconseja a los operadores qué ajustes son necesarios. Con la ayuda de la IA y algoritmos de aprendizaje automático, el modelo puede predecir comportamientos extraños o inestables antes de que ocurran y sugerir correcciones al instante.

Por último, se pueden mencionar que los aceleradores cada vez van encontrando nuevos usos anteriormente no previstos. En las próximas décadas se perfila un abanico de usos que cada vez cobra más relevancia en la industria, la salud y la gestión de recursos energéticos.

En medicina, los aceleradores de hadronterapia se están miniaturizando lo suficiente como para caber en hospitales, revolucionando terapias contra el cáncer. Además, permitirán fabricar isótopos esenciales para el diagnóstico por imagen sin depender de reactores lejanos. En la industria, hay proyectos que investigan la transmutación de residuos radiactivos, convirtiendo desechos en sustancias menos peligrosas. Asimismo, los aceleradores pueden depurar aguas o reducir emisiones tóxicas, ayudándonos a cuidar el aire que respiramos.

En definitiva, estas máquinas, inicialmente siempre vinculadas al gran mundo de la física subatómica, asoman cada vez más en aplicaciones o ámbitos donde la ciencia y la sociedad van de la mano para transformar el mundo donde vivimos.

Epílogo

Para cerrar este libro nos gustaría poner en contexto, histórico y actual, la aportación española al mundo de los aceleradores de partículas. En primer lugar, cabe decir que, dada la coyuntura histórica y económica de España a lo largo del siglo XX, periodo en el que se ha formulado la mayor parte del desarrollo en el ámbito de los aceleradores por parte de países como Estados Unidos, Reino Unido, Alemania o Francia, entre otros, el rol español se puede considerar sin ambages como meramente periférico. España no ha tenido una infraestructura "grande" propia hasta la construcción de ALBA en 2010.

El desarrollo de aceleradores de partículas en nuestro país ha venido impulsado centralmente por su participación en grandes proyectos internacionales, como el CERN, del que ha sido parte inicialmente desde 1961 hasta 1968 y posteriormente miembro de pleno derecho desde 1983. Esta participación activa a través de diferentes universidades y centros de investigación ha sido el germen de una contribución científica y tecnológica en el ámbito de aceleradores de partículas y en experimentos de física fundamental. España ha pasado de ser un usuario y actor secundario en este campo a proveedor de infraestructuras estratégicas en apenas 30 años. Aún no iguala el peso histórico de los países de referencia, pero gracias al desarrollo de infraestructuras pioneras como ALBA, y las futuras ALBA II y DONES, ganará visibilidad y se situará en la vanguardia europea de fuentes de fotones y neutrones, dos herramientas clave para la ciencia y la industria del siglo XXI.

A continuación, mostramos un resumen de las principales iniciativas en España.

Los primeros pasos

El primer acelerador desarrollado en España data de 1956, de tipo Van de Graaff, y se trata de un instrumento pionero utilizado por científicos españoles de la época para estudiar los reactores de fisión. Actualmente se encuentra expuesto en el Museo Nacional de Ciencia y Tecnología de A Coruña. Se sucedieron hasta los años ochenta diversas instalaciones tanto microtrones como generadores Van de Graaff, sobre todo para investigaciones de física nuclear y producción de radioisótopos.

Centro Nacional de Aceleradores

En 1997 se fundó el CNA de Sevilla gracias al acuerdo entre la Universidad de Sevilla, la Consejería de Educación de la Junta de Andalucía y el Consejo Superior de Investigaciones Científicas (CSIC). Esta instalación integra un tándem Van de Graaff de 3 MV, un ciclotrón de hasta 18 MeV y otras líneas. El CNA da respuesta, entre otras, a necesidades de investigación básica de física nuclear, aplicaciones médicas con producción de radioisótopos y PET/CT en pacientes, innovación industrial y transferencia tecnológica mediante ensayos de radiación para industria aeroespacial o microelectrónica, así como servicios analíticos de caracterización de materiales y datación para empresas, museos y laboratorios externos.

Centro de Micro-Análisis de Materiales (CMAM)

Ubicado en Madrid, es una instalación científica de la Universidad Autónoma. Comenzó a operar en noviembre de 2002, aunque la fecha que se toma como fundación oficial es el 24 de marzo de 2003. Su principal equipo experimental es un acelerador de iones electrostáticos tipo tándem con una tensión terminal máxima de 5 MV. Posee seis líneas de haz con diferentes especies de iones, que abarcan usos diversos como análisis de materiales, modificación e ingeniería de superficies, análisis de patrimonio cultural, estudios fundamentales de física nuclear y desarrollo instrumental, ensayos de irradiación en dispositivos electrónicos e investigación en biología y salud. En definitiva, se trata de un laboratorio de I+D+i multiuso con haces iónicos de baja energía.

Sincrotrón ALBA

Fue fundado en 2003 en Cerdanyola del Vallès (Barcelona) y su construcción se desarrolló durante 2003-2009. Fue oficialmente inaugurado en marzo de 2010 y su puesta en marcha y operación con luz de sincrotrón se produjo en 2011. Supuso el primer gran acelerador de alcance internacional construido íntegramente en España. ALBA es la única fuente española de luz sincrotrón y da servicio a una comunidad muy amplia de investigadores, de unos 2000 anuales, tanto del ámbito público como industrial. Dispone de más de 10 líneas de haz, que proveen una radiación que va desde el infrarrojo hasta los rayos X "duros", y permiten *ver* la materia a escala atómica y molecular, lo cual da soporte a sus grandes líneas de utilización: biología estructural y biomedicina para determinar la estructura de proteínas, virus y complejos fármaco-diana; estudios de nanotecnología y materiales avanzados; investigación en química y energía centrados en las perovskitas para fotovoltaica y catalizadores más eficientes en la producción de hidrógeno; investigación fundamental en física de la materia condensada, magnetismo o espintrónica; en patrimonio cultural y arqueometría, ayuda a analizar la composición y deterioro de objetos de valor histórico y artístico; o en ciencias ambientales se utiliza para estudiar la contaminación del suelo, aire y agua, así como para entender los procesos geológicos.

Estas áreas de investigación hacen del sincrotrón ALBA una infraestructura estratégica para la ciencia y la competitividad empresarial en España y Europa. Actualmente existen planes para actualizar y convertir ALBA en una fuente de cuarta generación (fuente de luz de emitancia ultra-baja) llamada ALBA-II, cuya fase de instalación se prevé en 2027-2030, y la pondrá al mismo nivel que otras instalaciones internacionales.

Las fuentes de neutrones: ESS e IFMIF-DONES

En 2011 fue creado el ESS Bilbao mediante un acuerdo bilateral entre el Gobierno Vasco y el Ministerio de Ciencia e Innovación español. Su finalidad fue canalizar la participación española en el proyecto europeo ESS (European Spallation Source) ubicado en Lund, Suecia, y desarrollar capacidades internas en ciencia y tecnología de aceleradores. ESS Bilbao se convirtió en un centro estratégico de referencia internacional en tecnologías neutrónicas y ha contribuido y contribuye a la construcción y desarrollo del acelerador de ESS fabricando componentes (RF, sistema blanco, instrumentación), y a su vez aloja un banco de pruebas de aceleradores propio.

Por otro lado, se encuentra la futura instalación de investigación internacional IFMIF-DONES (International Fusion Materials Irradiation Facility-Demo Oriented Neutron Source), a construir entre 2025 y 2033 y que se ubicará en Escúzar, Granada. El desarrollo técnico del proyecto es coordinado por el Centro de Investigaciones Energéticas, Medioambientales y Tecnológicas (CIEMAT) tanto a nivel nacional como internacional. El objetivo es probar y validar materiales que se utilizarán en futuros reactores de fusión nuclear. IFMIF-DONES generará una fuente de neutrones de alta energía para simular el flujo de neutrones en la primera pared de los futuros reactores de fusión. Se tratará de la fuente de neutrones más potente del mundo y para conseguirlo se desarrollará un acelerador lineal de partículas con un haz de deuterones de 125 mA y 40 MeV que al impactar sobre una cortina de litio líquido generará el haz de neutrones. Esta instalación situará a España en la vanguardia europea e internacional de fuentes de neutrones.

Los centros de protonterapia

Desde 2019 existen en España dos salas de protonterapia en servicio, ambas privadas y ubicadas en Madrid. Uno de ellos usa un ciclotrón y trató al primer paciente en diciembre de 2019, y el otro se basa en un sincrotrón, y abrió en 2020. Se prevé un fuerte crecimiento en instalaciones de este tipo a raíz del programa público financiado por la Fundación Amancio Ortega, que aportó 280 millones de euros para comprar diez aceleradores destinados a hospitales de toda España, con puesta en marcha prevista entre 2026 y 2027. A estos se sumará la unidad del Hospital Marqués de Valdecilla (Cantabria), también en 2027. España pasará de las dos salas actuales a trece unidades operativas en 2027, garantizando acceso a protonterapia en todo el territorio y poniéndolo en una posición de liderazgo mundial en tratamientos clínicos de protonterapia.

El inyector de iones del IFIC

Desde finales de 2023, y con fecha de entrega prevista en 2028, se está llevando a cabo el desarrollo y construcción de un acelerador de iones de carbono (C^{6+}) de 10 MeV/u, que será instalado en el Instituto de Física Corpuscular (IFIC), centro mixto del CSIC y la Universitat de València. Este proyecto, actualmente en fase de ejecución, es cofinanciado por el Centro para el Desarrollo Tecnológico y la Innovación (CDTI) y por el Fondo Europeo de Desarrollo Regional (FEDER), y será llevado a cabo por empresas españolas, con el apoyo del CIEMAT y el IFIC. Se trata de una instalación única, que constituye la primera etapa de un acelerador lineal de iones compacto y su objetivo central se resume en tres puntos: investigación radiobiológica preclínica que permitirá avanzar en la comprensión de la eficacia biológica relativa de los tratamientos con iones; demostrador tecnológico que servirá de banco de pruebas para una nueva generación de aceleradores lineales compactos, y semilla de una instalación terapéutica completa de iones en España al constituir la "etapa 1" de una línea que escale el haz hasta energías terapéuticas (≈ 430 MeV/u).

Otros proyectos de I+D en tecnologías aceleradoras

También existen actualmente en España diversos grupos de investigación en física y tecnologías de aceleradores, con líneas de investigación y desarrollo que pretenden avanzar en las tecnologías de aceleración. De entre ellos, hay varios que disponen de laboratorios y equipamiento específico dedicado a estas actividades: el laboratorio SMART-Lab del CIEMAT, primera instalación nacional orientada a la I+D+i de imanes superconductores de alto campo; el Centro de Láseres Pulsados (CLPU) de Salamanca, en el que se hace desarrollo de tecnologías láser avanzadas que puedan ser el germen de aceleradores de partículas de nueva generación; el laboratorio de alto gradiente de RF del IFIC, cuyo objetivo es estudiar y caracterizar la tecnología de radiofrecuencia en régimen de alto gradiente, o el IZPIlab de la Universidad del País Vasco, centrado en el diseño y desarrollo de aceleradores compactos.

Bibliografía

BAIRD, S. (2007): *Accelerators for pedestrians*, Ginebra, Organización Europea para la Investigación Nuclear, https://n9.cl/4ndbf.

BINGHAM, R. y TRINES, R. (2014): "Introduction to Plasma Accelerators: the Basics", *Proceedings of the CAS-CERN Accelerator School: Plasma Wake Acceleration*, Ginebra, CERN, pp. 67-77.

BROWN, M. A. (2018): "The Long-Lived History of Nuclear Medicine", *American Nuclear Society Nuclear Cafe Blog*.

BRYANT, P. J. (1992): "A brief history and review of accelerators", *CAS-CERN Accelerator School: 5th general accelerator physics course*, Jyväskylä, CERN.

CERN (2017): "Applications of particle accelerators in Europe", *EuCARD-2, Enhanced European Coordination for Accelerator Research & Development, CERN-ACC-2020-0008*.

Dahl, P. F. (1992): "Rolf Wideroe: Progenitor of Particle Accelerators", Fermilab Technical Publications, n.º SSCL-SR-1186.

DEGIOVANNI, A. y AMALDI, U. (2015): "History of hadron therapy accelerators", *Physica Medica*, vol. 31, n.º 4, pp. 322-332.

DOYLE, B. L.; MCDANIEL, F. "Del" y HAMM, R. W. (2019): "The Future of Industrial Accelerators and Applications", *Reviews of Accelerator Science and Technology*, vol. 10, n.° 1, pp. 93-116.

FREIRE, N. (2025): "¿Qué es un acelerador de partículas y para qué sirve?", *National Geographic*, https://n9.cl/mzel9.

HAMM, R. W. y HAMM, M. E. (eds.) (2012): *Industrial Accelerators and Their Applications*, Singapur, World Scientific Pub.

KERST, D. W. (1940): *Electronics magazine*, vol. 15, n.° 2, Nueva York, McGraw-Hill Publishing Co.

LAWRENCE, E. O. (1934): *Method and Apparatus for the Acceleration of Ions* [patente estadounidense], n.° 1948384.

MARTÍNEZ-REVIRIEGO, P.; ESPERANTE, D. y GRUDIEV, A. (2024): "Dielectric assist accelerating structures for compact linear accelerators of low energy particles in hadrontherapy treatments", *Frontiers in Physics*, vol. 12.

PEACH, K. P. y JONES, W. B. (2011): "Accelerator science in medical physics", *The British Journal of Radiology*, vol. 84, pp. S4-S10.

RESTA-LÓPEZ, J. (2022): "Long-term future particle accelerators", *arXiv*, 2206.08834.

RUTHERFORD, E. (1928): "Address of the President, Sir Ernest Rutherford, O. M., at the Anniversary Meeting, November 30, 1927", *Proceedings of the Royal Society of London. Series A*, vol. 117, n.° 777, pp. 300-316.

TAJIMA, T. y DAWSON, J. M. (1979): "Laser Electron Accelerator", *Physical Review Letters*, vol. 43, n.° 4, p. 267.

THWAITES, D. I. y TUOHY, J. B. (2006): "Back to the Future: The History and Development of the Clinical Linear Accelerator", *Physics in Medicine & Biology*, vol. 51, pp. R343-R362.

TONG, D. (2015): *Lectures on Electromagnetism*, University of Cambridge, https://n9.cl/b9039.

USA DEPARTMENT OF ENERGY (2009): *Accelerators for America's Future*.

Waldrop, M. (2023): "La teoría de la relatividad de Einstein explicada en cuatro simples pasos", *National Geographic*, https://n9.cl/7thkm.

Wilson, E. J. N. (1996): "Fifty years of synchrotrons", *5th European Particle Accelerator Conference 96*, vol. 1-3, pp. 135-139.

— (2001): *An Introduction to Particle Accelerators*, Oxford, Oxford University Press.

Wjik, B. H. (1998): "Rolf Winderöe and the Development of Particle Accelerators", *Acta Oncologica*, vol. 37, n.° 6, pp. 615-625.

Fuentes electrónicas

Accelerators for Society: "Accelerators for Research and Development", https://n9.cl/3hq8o.

ALBA Synchrotron: https://n9.cl/seuwfk.

Aprende historia: "Cómo descubrió Roentgen los rayos X y cuál fue su impacto en la ciencia", https://n9.cl/8ocny.

CDTI Innovación: https://www.cdti.es/hadronterapia_

Centro de Micro-Análisis de Materiales: https://n9.cl/rpu6y.

Centro Nacional de Aceleradores: https://n9.cl/r9d8yk.

Ciencia y Futuro en RTVE Play: "Francisco Cordero y el acelerador de partículas", https://n9.cl/ugsow.

CSIC (2024): "Valencia albergará la primera fase de un acelerador de partículas de nueva generación para luchar contra el cáncer" [nota de prensa], https://n9.cl/zkufu.

École Polytechnique Fédérale de Lausanne: "Accelerator and Nobel prizes", https://n9.cl/aipcxd.

ESS Bilbao: https://n9.cl/cd9lbi.

European XFEL: "Flyers, brochures and Annual Reports", https://n9.cl/yb63m.

LHC-Closer, "Hadronterapia", https://n9.cl/w5912.

Particle Therapy Co-Operative Group: "Facilities World map", https://n9.cl/pdv0rw.

Títulos de la colección
¿Qué sabemos de?